L'ŒUVRE

POMOLOGIQUE

DE LA

SOCIÉTÉ CENTRALE D'HORTICULTURE

PAR A. HÉRON

PRÉSIDENT

ROUEN

IMPRIMERIE E. CAGNIARD (Léon GY, Succr)

Rues Jeanne-Darc, 88, et des Basnage, 5.

—

1896

L'ŒUVRE POMOLOGIQUE

DE LA

SOCIÉTÉ CENTRALE D'HORTICULTURE

PAR A. HÉRON

PRÉSIDENT

ROUEN

IMPRIMERIE E. CAGNIARD (Léon GY, Succʳ)

Rues Jeanne-Darc, 88, et des Basnage, 5.

—

1896

L'ŒUVRE POMOLOGIQUE

DE LA SOCIÉTÉ CENTRALE D'HORTICULTURE

DE LA SEINE-INFÉRIEURE

La Société centrale d'Horticulture de la Seine-Inférieure vient d'obtenir, à l'Exposition nationale et coloniale de Rouen, un diplôme de grand prix pour l'ensemble de ses travaux pomologiques, représentés dans les galeries du Champ-de-Mars par sa collection de fruits moulés de table et de pressoir, et par le plan du verger-école qu'elle a créé pour l'étude et la propagation des meilleures variétés de fruits à cidre.

C'est la récompense de l'œuvre pomologique qu'elle a entreprise pour les fruits de table depuis sa fondation, en 1836, pour les fruits de pressoir depuis 1862, et qu'elle a poursuivie sans relâche à partir de cette époque.

Il ne sera pas sans intérêt de rappeler, à cette occasion, l'origine et la suite de ces travaux. Nous allons le faire en nous servant des documents épars dans les publications de notre Société et ailleurs, et en reproduisant exactement les extraits relatifs à son œuvre.

Dans la séance solennelle du 30 juin 1861, M. de Boutteville, alors Président de notre Compagnie, établissait de la façon la plus précise l'origine de nos travaux. « Dès les premiers temps de sa fondation, disait-il, en 1836, et l'une des premières en France, la Société d'Horticulture de la Seine-Inférieure, s'associant au mouvement qui, à la suite des remarquables travaux pomologiques de Van-Mons et de Knight, entraînait beaucoup d'esprits vers l'étude des fruits et de l'arboriculture, consacrait une notable partie de ses efforts à la pomologie ou à la culture des arbres fruitiers. Les travaux justement appréciés de plusieurs de ses membres ont contribué à propager, bien au-delà du département, le goût et la connaissance de ces sciences.

» ... Tandis que le Congrès pomologique de Lyon, aux travaux duquel notre Compagnie s'est toujours associée par la coopération d'un ou de plusieurs de ses membres, étendait ses investigations à tout le territoire de la France, il était indispensable au succès d'une aussi vaste entreprise, que les Sociétés locales préparassent les travaux d'ensemble pour l'étude des fruits de leur circonscription; c'est ce qu'a fait la Société d'Horticulture de la Seine-Inférieure. Depuis le commencement du printemps de 1860, elle a décidé d'étudier les fruits de toutes sortes cultivées sur les divers points du département. A cet effet, une Commission spéciale a été instituée; appel a été fait, non seulement à tous les membres de la Société, mais à toutes les personnes qu'un travail aussi utile pouvait intéresser. Grâce aux nombreux envois qui lui ont été adressés de toutes parts, grâce aux abondantes contributions des membres de la Commission et aux acquisitions faites sur les marchés, un nombre considérable de fruits ont été placés sous les yeux et soumis à l'examen des membres de la Commission, dont les appréciations sont consignées dans des procès-verbaux détaillés.

» A mesure qu'un fruit a été étudié, la Société a pris soin d'en faire reproduire par le moulage un échantillon destiné à accroître la collection de fruits moulés et coloriés, qu'elle forme dans l'intérêt de nos études présentes, et en vue de léguer à ceux qui lui succéderont des spécimens authentiques et rigoureusement fidèles des produits de nos arbres fruitiers, qui leur éviteront les incertitudes sans nombre que suscitent les descriptions insuffisantes des anciens pomologistes. L'examen, d'ailleurs, auquel la Société s'est livrée lui a permis de constater, dès à présent, deux faits importants : 1° le dépérissement de plusieurs arbres qui fournissaient naguère, pour une bonne part, aux besoins de la consommation ; ces arbres ne pouvant plus aujourd'hui, dans notre département et en dehors de conditions exceptionnelles, être cultivés avantageusement à haute tige dans les vergers; 2° la qualité médiocre ou mauvaise d'un grand nombre de variétés de fruits qui entrent dans l'alimentation des habitants des campagnes, ou qui servent à l'approvisionnement des marchés des villes.

» Afin de faciliter, dans la mesure de ce qui est en son pouvoir, le remède à un tel état de choses, la Société d'Horticulture a décidé la rédaction d'un *catalogue raisonné des arbres donnant de bons fruits, susceptibles d'être cultivés en plein vent dans les vergers du département.*

» ... Depuis plusieurs mois déjà, la partie de ce travail, qui traite des poires, a été imprimée et répandue dans le département. La liste des pommiers est en préparation. Mais, qui le croirait? L'embarras de la Commission de pomologie est pour celle-ci beaucoup plus grande que pour la première. Il faut bien l'avouer, la terre classique du pommier, la Normandie, est aujourd'hui l'une des provinces les moins riches en pommes de bonne qualité. On a vu disparaître successivement de la grande culture de notre département la *Reinette grise de Dieppedalle,* la *Calleville,* la *Reinette du Canada* et le *Pigeon,* sans qu'on

se mît en peine de remplacer ces excellents fruits par de nouvelles acquisitions.

» En présence de cet état de choses, que devait-on faire ?
Porter à la connaissance de tous les bons fruits déjà expéri-
mentés par quelques-uns ou cultivés avec succès sur un point
limité du département ; c'est dans ce but que la liste en préparation est rédigée. Provoquer, par l'annonce de récompenses,
l'obtention par le semis de variétés nouvelles, c'est ce qui a été
fait dans le programme des prix proposés par la Société. Enfin,
recueillir dans les autres pays les variétés de pommes réputées
les meilleures, les soumettre à un examen attentif, et propager
celles qui auraient été reconnues méritantes, c'est encore ce que
la Société d'Horticulture a entrepris.

» Par le moyen de correspondances, établies avec l'Alle-
magne, la Belgique, l'Angleterre et les États-Unis d'Amérique,
elle a tiré de ces divers pays près de deux cents variétés de
pommiers qui ont été greffés dans son jardin d'expérimentation.
Ceux dont les fruits, par suite d'une observation attentive,
auront été reconnus de bonne qualité, seront propagés dans le
département par les soins de la Société. Ce que la Compagnie a
voulu exécuter pour les fruits de table, elle a l'intention de le
faire également pour les fruits de pressoir. Déjà elle a reçu du
nord de l'Amérique et de la Grande-Bretagne quelques sortes
de pommes à cidre très renommées, et ses correspondants du
département lui en ont présenté quelques autres qui semblent
être d'excellente qualité (1). »

Nous n'avons pas hésité à donner ce long extrait du discours
de M. de Boutteville, parce qu'il est, à notre sens, impossible de

(1) *Bulletin de la Société centrale d'Horticulture de la Seine-Inférieure,*
t. VIII, p. 63-66.

mieux préciser ce qu'avait fait jusqu'alors la Société d'Horticulture et ce qu'elle se proposait de faire pour la pomologie. Ce ne sont point là, en effet, de ces paroles qu'on lance dans une séance d'apparat pour agir sur l'opinion publique et la prédisposer en faveur de l'œuvre qu'on lui présente. Elles reposent exactement sur la réalité des faits, comme il va nous être facile de l'établir.

En même temps que la Société publiait dans ses bulletins les procès-verbaux de ses séances, et les rapports, notes et mémoires dus à ses membres, elle entreprenait la publication d'un ouvrage de pomologie, dont le premier volume compte sept cahiers, et le deuxième, quatre seulement. Le premier volume, qui contient 222 pages, est formé des rapports de la Commission de pomologie. Il convient de citer les noms de ces ouvriers de la première heure, auxquels la Société doit bien un souvenir reconnaissant pour l'impulsion qu'ils ont donnée à d'aussi utiles travaux. Voici quelle était la composition de cette Commission, telle qu'on la trouve dans le premier cahier de pomologie publié en 1839 :

MM. Tougard, président, Prévost, vice-président ; Dubreuil, secrétaire de correspondance ; Heudron, secrétaire de bureau ; Le Bret, Boisbunel, Delaunay, J. Frémont et Letellier-Binet, membres.

La Commission avait pour but de faire disparaître la confusion qui existait dans la nomenclature des fruits à couteau. Ce premier travail, paru en 1839, était destiné à établir la synonymie de plusieurs variétés de poires, en même temps que les qualités relatives de chacune d'elles. Cette première notice, accompagnée de figures, comprend la description de trente-six variétés. En 1841, second rapport contenant la synonymie et la description de quinze variétés de poires. On y trouve également ment la liste de trente-quatre variétés de poires nouvellement introduites à Rouen par le président fondateur de la Société, M. Tougard, et à lui envoyées par M. Bouvier, propriétaire à Jodoigne (Belgique). Le troisième cahier donne la description de quinze variétés de poires et en fait connaître la synonymie. Même nombre dans le quatrième cahier. Le cinquième cahier n'en contient que douze. Dans ce cahier, nous relevons pour la première fois le nom de M. de Boutteville qui, pendant sa laborieuse existence, devait prendre une si grande part aux travaux de la Commission de pomologie. Le sixième cahier comprend la description de seize variétés de poires. Jusqu'alors, les rapports étaient dus au vice-président de la Commission, M. Prévost, qui appliquait à ses descriptions la précision et le soin qu'on remarque dans tous ses ouvrages. Une innovation est apportée dans le septième cahier de la pomologie : la description des fruits est faite par divers membres de la Commission ; « les articles sont soumis à la Commission, et, admis par elle, sont publiés sous la garantie personnelle de leurs auteurs. » Quatre pruniers, un pommier et douze poiriers sont ainsi décrits par MM. Tougard, Prévost, Constant Lesueur, Nicolle et Boisbunel. Citons encore dans ce septième cahier, une *Notice* de M. C. Lesueur *sur la guérison des chancres dont sont atteints les arbres fruitiers*. Le premier volume de la pomologie contient donc la description de cent dix fruits, qui sont tous figurés dans une série de planches noires.

Le premier cahier du deuxième tome de la pomologie est un fascicule de 128 pages, publié en 1852, et consacré entièrement au *Tableau alphabétique et analytique des variétés de poires classées par ordre mensuel de maturité, suivi d'une table générale alphabétique des divers fruits décrits*, par M. Tougard, président de la Société. L'auteur faisait ainsi connaître le but qu'il poursuivait en composant ce travail :

« Ce qui embarrasse, disait-il, les propriétaires et les jardiniers, lors des plantations, c'est l'ignorance de l'époque de la maturité des fruits qu'ils désirent posséder. Souvent les pépiniéristes eux-mêmes sont trompés par de fausses relations. On cite des noms de fruits qui, dit-on, jouissent d'une haute réputation, mais il arrive que ces fruits mûrissent à la même époque, ce qui place les acheteurs dans la même position que s'ils n'en possédaient qu'une seule variété, à l'exception seulement que ces fruits peuvent être de formes, de noms et de goûts différents. Ce n'était pas là, certes, leur intention en plantant. J'ai donc cru rendre un service aux propriétaires et aux jardiniers en leur indiquant les époques de maturité, et la bonne ou mauvaise qualité des fruits, afin qu'ils puissent faire un choix convenable et prolonger la jouissance de consommation jusqu'à la saison la plus reculée de l'année, et avoir ainsi le fruitier garni de fruits agréables. C'est uniquement dans ce but que j'ai rédigé ce tableau par ordre de maturité. »

Ce n'est qu'un travail de compilation, comme le remarque lui-même l'auteur ; mais il est fait avec beaucoup de conscience, d'après les meilleurs traités et catalogues raisonnés de pomologie ; il contient la description sommaire de plus de sept cents variétés de poires, dont les synonymies sont en même temps indiquées.

Le deuxième cahier contient ce travail de la Commission de pomologie dont parlait M. de Boutteville dans son discours de 1861 : Le *Catalogue des fruits recommandés pour la culture en plein vent dans le département de la Seine-Inférieure*. Le nombre des poires à couteau recommandées est de trente-neuf ; celui des poires à cuire ou à compote de huit, dont deux comprises déjà dans les poires à couteau. La description de ces variétés, faite avec beaucoup d'exactitude, témoigne d'un examen attentif de la part de la Commission ; le travail est signé du nom de M. Constant Lesueur, rapporteur, et en même temps président de la Commission de pomologie.

Les cahiers 3 et 4 du tome II de la Pomologie est consacré aux fruits de pressoir; nous en parlerons plus loin.

Depuis cette époque, la Commission de pomologie a continué sans interruption ses travaux qui ont été publiés, non plus dans des cahiers spéciaux, mais dans les Bulletins de la Société. Il serait trop long de rappeler par le menu les études qui ont été successivement faites, soit dans le Comité, soit dans les séances ordinaires de la Société. C'est à ces études que nous devons notre collection de fruits moulés de table, comptant actuellement 947 types, dont quelques-uns en plusieurs spécimens, exécutés presque tous par un habile artiste, M. Buchetet, qui n'a pas encore été réellement remplacé. Les types choisis pour servir de modèle avaient été sérieusement étudiés avant d'être remis au mouleur; ils sont la reproduction exacte de la réalité. La mort de M. Buchetet et la difficulté de lui trouver un bon successeur avaient ralenti les opérations du moulage ; un petit nombre de fruits seulement avaient pu être reproduits depuis cette perte regrettable; nous avons lieu d'espérer que le moulage pourra être repris bientôt avec plus d'activité.

Une première liste de nos fruits moulés de table a été donnée, en 1863, dans le *Catalogue des objets composant les collections de la Société impériale et centrale d'Horticulture de la Seine-Inférieure*. Le nombre des poires de table était alors de 338, celui des pommes de table de 123, celui des fruits à noyau de 64. Voici ce que disait la Commission qui avait préparé ce travail : « Notre but, en publiant ce catalogue, a été de faire connaître à tous ce que la Société possède dans ses collections, afin que chacun puisse y venir chercher des renseignements, des points de comparaison. Tous les types de la pomologie, très nombreux, revus avec soin par la Commission, qui s'est occupée si activement de cette branche de nos études, peuvent servir à étudier, à contrôler des variétés sur lesquelles on conserve du doute, ou même dont on ignore absolument le nom. Cette collection, jointe aux magnifiques ouvrages de pomologie de notre bibliothèque, permet à l'amateur de reconnaître ses richesses et d'étendre ses connaissances... Pour la pomologie, disait-on plus loin, MM. de Boutteville, Aché, Collette, Lesueur, Teinturier, Boisbunel, nous ont fourni de nombreux spécimens et ont concouru activement à leur classification. »

En 1894, le *Catalogue des fruits moulés de table faisant partie des collections de la Société* a été publié en supplément au troisième Bulletin de cette même année. La rédaction de ce catalogue est due à notre collègue Emile Varenne, vice-président de notre Société, directeur des promenades et jardins publics de Rouen, dont elle a été la dernière œuvre. Voici le nombre des fruits moulés inscrits dans ce catalogue : abricots, 10 ; cerises, 47 ; pêches, 28 ; poires, 457 ; pommes, 368 ; prunes, 37.

Au nombre de ces reproductions figurent les spécimens des obtentions dues à d'habiles semeurs faisant partie de la Société. Ici, comme ailleurs, l'action des Sociétés d'Horticulture se manifeste. Groupant les énergies, les stimulant par l'honneur de participer à une œuvre commune, par l'attrait des récompenses, elles provoquent les efforts et obtiennent ainsi des résultats qui, sans elles, auraient été plus difficilement réalisés. Nous pourrions citer un nombre relativement assez grand de membres de notre Compagnie qui ont cherché, par des semis intelligemment faits, à régénérer et à enrichir nos vergers ; nous

nous bornerons à rappeler les noms de MM. Boisbunel, Collette et A. Sannier.

La Société a publié, en 1868, une nouvelle *Liste des meilleurs fruits à recommander pour la culture dans le département de la Seine-Inférieure* (1). Cette liste comprend 45 poires et 26 pommes. La dernière qu'elle ait donnée sous ce même titre, en 1894, est insérée dans le tome XVI du *Bulletin*, pages 200-221. Elle est précédée d'un avertissement dont nous citerons cet extrait : « En publiant ce travail, qui n'est point la reproduction, mais bien la révision d'un travail semblable inséré dans le premier Bulletin de 1868, la Société déclare expressément qu'obligée de renfermer ses choix dans des limites très restreintes, elle n'entend point, en recommandant spécialement les variétés qui lui semblent les plus méritantes, jeter la défaveur sur bon nombre d'autres fruits parfaitement dignes d'être cultivés.

» La liste indique, en les divisant par mois de maturité, les fruits à cultiver. En voici le nombre : poires, 74 ; pommes, 48 ; cerises, 18 ; prunes, 11 ; abricots, 6 ; pêches, 25 ; raisins, 11..

» Les Bulletins de la Société contiennent de nombreux mémoires et notes relatifs aux fruits de table, et dus à des membres de la Compagnie. Nous n'avons pas à les analyser; nous citerons seulement les titres de quelques-uns : *Classification pomologique*, par M. Mauduit (t. XI, 1866, p. 27-37); *Sur les fruits de table les meilleurs, les plus beaux et les plus recommandables à cultiver en Normandie*, par M. F. Mauduit (t. XIII, 1869, p. 27-41); *De la Culture des Pommiers et des Poiriers de table, et principalement des moyens d'en hâter la fructification*, par M. A. Sannier (t. XVI, 1874, p. 31-38).

(1) *Bulletin de la Société centrale d'Horticulture*, t. XIII, p. 23-27.

Nous terminerons cette partie de notre travail en rappelant que notre Compagnie a participé constamment aux travaux de la Société Pomologique de France depuis sa création, en 1856. Elle s'est fait représenter à ses Congrès par des délégués dont les rapports ont été publiés dans nos Bulletins. A trois reprises, en 1863, 1884 et 1896, la Société Pomologique de France a tenu son Congrès dans notre ville, sur l'invitation et sous les auspices de notre Société.

Il est à peine nécessaire de rappeler les concours de fruits de table qui ont été ouverts dans toutes les expositions d'automne.

Les études consacrées aux fruits de table par la Société centrale d'Horticulture de la Seine-Inférieure, ne constituent qu'une partie de ses travaux pomologiques. Elle assumait une tâche encore plus lourde en entreprenant l'étude des fruits de pressoir qui avait été jusqu'alors presque entièrement négligée. Nous ne saurions mieux faire que de laisser, à cet égard, la parole à M. Michelin, qui, lors de cette première exposition de fruits à cidre, qui eut lieu à Rouen, le 1ᵉʳ octobre 1862, fut nommé président de la *Section pomologique pour l'étude spéciale des fruits à cidre de la Seine-Inférieure et de la région nord-ouest de la France,* section qui devait bientôt se transformer en un Congrès pour l'étude des fruits à cidre qui, comme nous le verrons plus loin, tint ses assises, de 1864 à 1871, dans les villes de Caen, de Rennes, d'Alençon, de Beauvais, de Saint-Lô, de Bayeux et d'Yvetot.

Le 5 octobre 1862, au cours de la séance publique, dans laquelle notre Société distribua pour la première fois des récompenses aux exposants de fruits de pressoir, le délégué de la Société d'Horticulture de Paris, M. Michelin, qui avait bien voulu se charger de faire connaître les nouveaux projets de la Société, les développait en ces termes :

« Je dois, disait-il, dans cette circonstance exceptionnelle, appeler particulièrement votre attention sur les fruits à cidre.

» L'étude entreprise est à notre connaissance sans précédente. Je ne puis vous initier à ce travail d'un immense intérêt local sans vous en rappeler l'origine et sans entrer dans quelques détails pour lesquels, en raison de l'aridité de mon sujet, j'ai besoin de votre bienveillante indulgence. Ne suis-je pas encouragé à l'espérer par l'accueil si gracieux et l'hospitalité si cordiale de M. le Président de la Société et de tous mes confrères qui m'ont fourni l'occasion, dont je conserverai toujours un agréable souvenir, d'organiser avec eux un travail de longue haleine, pour lequel la Société d'Horticulture de la Seine-Inférieure a pris une initiative qui l'honore et qui sera féconde en résultats. »

M. Michelin rappelait ensuite les travaux qui avaient été antérieurement entrepris dans le même but, mais qui s'étaient trouvés interrompus :

« Il y a quinze ans environ, la Société d'Agriculture de ce même département s'occupa du dépérissement malheureusement trop avéré d'un grand nombre d'anciennes espèces de fruits récoltés dans les champs et dans les vergers pour le pressoir. Elle jugea, comme urgentes, des recherches qui devaient avoir pour objet de signaler aux cultivateurs les variétés à réformer, et celles qui, en même temps vigoureuses et douées de bonnes qualités, méritaient d'être recommandées. La Société d'Agriculture chargea à cet effet MM. Dubreuil et Girardin d'étudier les fruits propres à la fabrication du cidre.

» Des noms différents attribués à de mêmes espèces, et des appellations identiques données à des sortes diverses, jetaient une grande incertitude sur la désignation des fruits, empêchaient de faire connaître des pommes excellentes qui restaient méconnues dans certains endroits et étaient perdues pour la généralité des cultivateurs. Les nouvelles variétés obtenues par les semis n'étaient pas dénommées, ce qui nuisait à la propagation, ou bien elles usurpaient des noms que recommandait le mérite des fruits auxquels ils appartenaient de droit (1). »

Voici en quoi consistaient les premières tentatives rappelées par M. Michelin. Un certain nombre de pommiers et de poiriers furent plantés au jardin des plantes de Rouen, où ils devaient être étudiés par MM. Du Breuil et Girardin. « En 1846, nous dit M. Du Breuil, nos jeunes arbres ont fructifié. Nous avons noté avec soin l'époque de floraison et de maturité de chacun d'eux ; puis, comparant les fruits, quant à leur aspect et à leur saveur, et tenant compte des caractères particuliers du feuillage et des rameaux, nous avons pu reconnaître les variétés identiques qui nous étaient parvenues sous des noms différents, et nous avons établi la synonymie de ces variétés, de manière à rendre nos indications intelligibles dans toutes les localités. » Il résulta de ce travail une liste de 181 variétés de pommiers et de 128 de poiriers, dans laquelle chaque variété était indiquée sous le nom le plus connu, avec sa synonymie et la désignation (fort incomplète) du canton où chaque nom était connu ; la forme de la tête de ces arbres était de plus indiquée par ces mots : ronde ou pyramidale (2). Aucune autre description n'étant donnée, l'identification ne reposait pas sur des bases assez positives. Il n'y avait là qu'un commencement d'étude que MM. Du Breuil et Girardin ne purent poursuivre parce qu'ils quittèrent Rouen, le premier en 1848, le second lorsqu'il fut nommé, le 30 décembre 1857, doyen de la Faculté des Sciences de Lille. D'ail-

(1) *Pomologie*, t. II, p. 150-151.

(2) V. *Cours élémentaire théorique et pratique d'Arboriculture*, par M. A. Dubreuil, 3ᵉ édition, p. 477-489.

leurs, dans le jardin des plantes, où le sous-sol est de sable pur, les pommiers ne pouvaient prospérer, et quand M. Du Breuil fut envoyé, plus tard, par le Ministère de l'Agriculture, pour faire à Rouen quelques conférences d'arboriculture, il n'en retrouva plus que quelques-uns, mal venus et chétifs, qui disparurent bientôt, lors des améliorations apportées par M. Varenne à ce magnifique établissement public. Tout était donc à recommencer.

M. de Boutteville disait dans son discours de 1861 : « Ce que la Compagnie a voulu exécuter pour les fruits de table, elle a l'intention de le faire également pour les fruits de pressoir ». Et, en effet, dès le début de l'année suivante, la Société résolut d'entreprendre l'étude de ces fruits ; la Commission de Pomologie, dont le président était alors M. C. Lesueur, décida qu'il serait fait un appel à tous : comices agricoles, sociétés, réunions et particuliers intéressés à la culture des pommiers à cidre ; qu'il serait demandé à chacun sa part d'observations, afin de former un travail sérieux contenant la nomenclature et toutes les qualités des fruits employés au brassage, et enfin que cet appel serait fait assez tôt pour que la réunion des concurrents et l'arrivée des collections d'échantillons concordassent avec l'exposition générale de la Société d'Horticulture, qui aurait lieu au commencement d'octobre.

A la date du 12 avril, la Société adressait, sous la signature de M. de Boutteville, président de la Société, de M. Pinel, secrétaire de correspondance, de M. C. Lesueur, président de la Commission de Pomologie, de M. Duboc, secrétaire de la Commission, une circulaire dans laquelle il était fait appel à toutes les Sociétés d'Agriculture et d'Horticulture et Comités agricoles, dans la circonscription desquels on s'occupe de la culture des pommiers et poiriers à fruits de pressoir, et enfin à tous les praticiens de bonne volonté, en les priant de vouloir bien s'associer à elle pour cette difficile entreprise.

« Elle sollicite, en conséquence, ajoutait la circulaire, de la part des Sociétés : 1° l'envoi à son exposition, qui ouvrira le mercredi 1er octobre 1862, des collections de fruits de pressoir, poires et pommes, dénommées avec soin et accompagnées d'un rameau ; 2° la délégation d'un ou deux délégués, lesquels, réunis aux membres de la Commission de pomologie de la Compagnie, étudieront, pendant les journées des 2, 3 et 4 octobre, les fruits exposés, afin d'en dresser le catalogue, de reconnaître les synonymes qu'ils portent dans les diverses contrées et d'en constater le mérite au point de vue de la fabrication du cidre et du poiré.

» De la part des individus isolés que cette étude peut intéresser, elle sollicite l'envoi de semblables collections de fruits, et leur participation personnelle aux conférences qui viennent d'être indiquées (1) ».

On adjoignit à cette circulaire des tableaux où la Société indiquait les renseignements qu'elle désirait surtout avoir. Ainsi, elle demandait de 3 à 6 échantillons pour chaque variété de fruits de pressoir, poires ou pommes. Chacune dénommée avec soin devait être accompagnée d'un rameau de l'année avec bois de l'année précédente ; chacune devait aussi porter un numéro correspondant au numéro du tableau où l'on devait transcrire les réponses concernant le nom ou les noms de la variété, la nature du sol, l'âge approximatif de l'arbre, son exposition, sa fertilité, l'époque de la maturité, le mérite des fruits, la qualité du cidre qu'il fournissait, si l'arbre était greffé ou non, quelle était sa forme ; enfin on laissait une place assez large pour les observations que le collecteur croirait devoir ajouter.

(1) *Pomologie*, t. II, p. 160-161.

Comme on le voit, l'étude projetée était bien comprise et bien préparée.

L'appel adressé par la Société fut entendu, et, au nombre des exposants, on put compter, entre autres, trente-quatre instituteurs du département, qui, grâce au concours bienveillant de l'Inspecteur d'Académie, M. Doucin, envoyèrent les fruits de leur région qu'ils avaient collectés chez les agriculteurs. 96 lots de fruits à cidre, quelques-uns composés de 130 à 150 variétés, furent reçus et exposés dans la grande salle de l'hôtel de ville de Rouen ; ils contenaient 4,907 échantillons dont chacun comptait plusieurs exemplaires. « On eut soin, pour le département, de ranger les envois par arrondissement... les poires occupaient une table à part, et on avait eu soin de classer séparément les fruits provenant des départements autres que la Seine-Inférieure. Autour de la salle on avait apposé des vitrines dans lesquelles était rangée la collection des fruits moulés de la Société. Les visiteurs, qui en voyaient l'exactitude frappante, pouvaient se rendre compte de l'intérêt qu'offrirait un jour la reproduction de chaque variété de ces mêmes fruits de pressoir que, pour la première fois, ils trouvaient réunis en aussi grand nombre. Ces fruits moulés devaient d'ailleurs faciliter les travaux et les études qui auraient lieu pendant l'exposition, en servant de terme de comparaison.

» Le 2 octobre, après que les différents jurys eurent terminé leurs opérations, les membres du Jury et de la Commission pomologique et les délégués des départements voisins se réunirent à neuf heures du matin à l'hôtel des Sociétés savantes. Là, sous la présidence de M. le comte d'Estaintot, se constitua la *Commission pour l'étude des Pommes et Poires à cidre cultivées dans les départements du nord-ouest de la France,* et il fut procédé à la nomination des membres du bureau ;

» Président, M. Michelin, vice-secrétaire du Comité d'arbo-riculture et conservateur des collections pomologiques de la Société impériale et centrale de Paris, et délégué de cette Société ;

» Premier vice-président, M. Thierry, archiviste et délégué de la Société d'Horticulture de Caen ;

» Deuxième vice-président, M. Lesueur, président de la Commission de Pomologie de la Seine-Inférieure ;

» Secrétaire, M. le docteur Laurent, membre de cette même Société » (1).

Les personnes qui assistèrent aux différentes séances de la Commission et qui inaugurèrent ces nouvelles études, méritent bien que leurs noms soient conservés par nous. Les voici : MM. le D' de Boutteville, Nicolle, Valentin, Collette, Viel, Teinturier, Frémont, Henri Wood, Guibay, Féron, Bachelot, De La Londe du Thil, Damours, Pellier, Bacon, Rangeart, Ouin, Gobert, Grainville, Faligot, Angot, Lucet.

La Commission se mit immédiatement au travail et commença par tracer la marche qu'elle devait suivre :

« Ainsi on adopta que la qualité de chaque fruit serait expri-mée par des nombres gradués de 6 à 1, ce dernier nombre dénotant la moins bonne qualité ; qu'il serait choisi des types pour bien fixer la valeur de chacun par degrés.

» La première catégorie, celle des 6 points, serait représen-tée par les variétés suivantes : Peau-de-Vache, Bédan, Rouge-Bruyère, Marin-Anfray ou leurs équivalents ;

» La deuxième catégorie, 5 points : Sonnette, Barillet, Coque-ret ;

(1) *Compte rendu des travaux de la première session*, par M. le docteur Laurent, t. II de la *Pomologie*, p. 162-163.

» La troisième catégorie, 4 points : Fréquin, Ecarlatine ;

» La quatrième, 3 points : Bouteille ;

» La cinquième, 2 points : Blanc-Mollet ;

» La sixième, 1 point : la Belle-Fille ;

» Gros-Papa, zéro, rejeté.

» Chaque fruit, examiné et dégusté par tous les membres présents, recevait un numéro d'ordre, et figurait au procès-verbal avec la définition qui était arrêtée par l'Assemblée.

» M. de Boutteville se chargea d'esquisser les fruits et de les dessiner sur un cahier particulier, et M. Thierry d'en proposer la description » (1).

Voici d'ailleurs la marche à suivre que la Commission adopta dès le début de ses travaux, que l'expérience lui fit reconnaître comme la meilleure et que le Congrès appliqua par la suite :

« Une variété composée de trois, six ou un plus grand nombre d'échantillons, est présentée au président, qui dicte le nom ou les noms au secrétaire chargé de l'inscrire au procès-verbal, avec le numéro d'ordre ; puis ces fruits sont soumis à l'examen des membres présents. On en sacrifie un ou plusieurs pour la dégustation et le dessinateur prend l'esquisse du fruit en accolant une moitié exactement partagée, sur un cahier, pour en prendre bien le contour et reproduire la configuration des parties intérieures. On propose l'acceptation ou le rejet ; à cet effet, on consulte les renseignements écrits ou de vive voix communiqués par le collecteur. Il est à préférer que celui qui a cultivé le fruit soit présent et puisse ainsi répondre aux diverses questions adressées. On s'éclaire sur la synonymie, sur l'arbre, sa grandeur, la disposition de ses branches (horizontales ou

(1) *Pomologie,* t. II, p. 164-165.

verticales), sa fertilité, son âge, son état de santé, son exposition, la nature du sol, etc. Comme nous l'avons dit précédem-
ment, l'acceptation spécifiée par des membres, exprime la
valeur qu'on attribue aux échantillons examinés ; un membre
décrit les différents caractères du fruit, la grosseur, la forme,
l'épiderme, sa couleur, ses marques distinctives, le calice, le
pédoncule, sa forme, son insertion ; les qualités de la chair, sa
couleur, sa finesse ; les qualités de l'eau, son abondance, sa
saveur ; l'époque de la maturité. Ces descriptions sont corrobo-
rées par chacun ; en même temps, un membre inscrit sur les
cartes le numéro d'ordre, etc. Chaque carte est ensuite placée
à son rang alphabétique. Les fruits acceptés sont mis de côté
pour être reproduits par le moulage » (1).

La Commission avait en effet décidé, dès sa seconde séance,
que tous les fruits qui recevraient au moins un point seraient
désignés pour le moulage.

M. Michelin pouvait donc dire, dans le discours qu'il pro-
nonça en séance publique, le 5 octobre, comme président de
cette section de pomologie :

« Le plan d'étude est tracé, il est mis déjà à exécution, l'ordre
va sortir de ce chaos. Depuis trois jours, je dirai du matin au
soir, mes excellents collègues ont eu le merveilleux dévouement
de déguster des fruits qui, vous le savez, ont d'autant plus de valeur
qu'ils sont amers et détestables au goût. L'entreprise, soyez-en
certains, sera menée à bonne fin. Il ne faut plus que du temps
et de la patience et nos collègues n'en manqueront pas. Un travail aussi ardu laissera sa trace au sein de votre ville. Tous les
fruits acceptés seront reproduits par le moulage, et prendront
leur place dans cette collection de types si parfaitement imités,

(1) *Pomologie*, t. II, p. 166.

si naturels, que la Société d'Horticulture peut montrer à tous les étrangers comme preuve de ses incessants et consciencieux travaux » (1).

Le 4e et dernier cahier du tome II de la Pomologie est entièrement rempli par *l'Etude des fruits de pressoir du nord-ouest de la France, faite par la Commission de Pomologie de la Société d'Horticulture.* On y trouve consignés les résultats de l'examen des fruits de pressoir envoyés à l'Exposition d'octobre 1862.

Le grand travail de l'identification était commencé ; chaque variété admise était décrite avec soin et classée par l'attribution d'un nombre déterminé de points. La Commission comprenait combien ce premier travail était nécessairement imparfait ; elle en indiquait les difficultés : « Des fruits différents portent quelquefois le même nom et, réciproquement, le même fruit, selon les localités, porte quelquefois des noms différents. La Commission a fait ce qu'elle a pu pour éviter ces erreurs. Ces contradictions sont dues à des habitudes de localité, entre lesquelles il est bien difficile de se prononcer, dans l'impossibilité où l'on est de remonter à l'origine vraie du nom.

» Des fruits peuvent être méritants dans une localité et mauvais dans une autre. Dès lors on conçoit que le mérite, indiqué par le nombre de points, ainsi que les exclusions prononcées par la Commission ne sont point définitifs. Comme pour la synonymie, de nouveaux renseignements qu'elle appelle de tous ses vœux, facilités considérablement par la publication des descriptions, pourront modifier ses appréciations » (2).

L'initiative prise par notre Société allait immédiatement pro-

(1) *Pomologie*, t. II, *Discours de M. Michelin*, p. 149-153.
(2) *Ibid.*, t. II, p. 170.

voquer des études semblables au sein de la Société centrale d'Horticulture de Caen et du Calvados. Au mois de novembre de cette même année 1862, cette Compagnie ouvrait sa première exposition pomologique et la grande salle de l'hôtel de ville de Caen recevait, en même temps que les fruits de table, une nombreuse et fort intéressante collection de fruits de pressoir.

Le secrétaire de bureau, M. Thomin-Demazures, en rendait compte en ces termes dans son rapport : « Les fruits à cidre, malgré la pénurie qui règne cette année aux environs de Caen, ont fourni de magnifiques et intéressantes collections. Plusieurs exposants ont pu nous présenter plus de 150 variétés de pommes de pressoir, de manière que la Commission pomologique s'occupe en ce moment d'étudier et de décrire 484 variétés de pommes nommées et autant sans nom. Assurément, certain nombre de variétés portant des noms différents seront reconnues pour avoir, sinon une identité parfaite, au moins assez de rapports pour ne pas les admettre comme des variétés distinctes, mais cette étude consciencieuse sera un des bons résultats de cette exposition » (1).

Le 30 septembre 1863, s'ouvrait à Rouen le Congrès de la Société pomologique de France. Une exposition de fruits de table et de pressoir avait été organisée à cette occasion dans la salle des Consuls, au palais de la Bourse. 30 exposants avaient envoyé 2,549 échantillons de pommes et de poires de pressoir composés chacun de plusieurs fruits. La Société d'Horticulture de Caen et du Calvados avait réuni une collection de près de 500 variétés de pommes de pressoir, dont les trois quarts avaient été étudiées et figurées. Ce travail était dû à M. Thierry, conservateur du jardin des plantes de Caen. Il valut à cette Société

(1) *Bulletin de la Société centrale d'Horticulture de Caen et du Calvados*, année 1862, p. 88.

la médaille d'or du Ministre de l'Agriculture et du Commerce.

Chargé du rapport sur les travaux concernant les fruits de pressoir, M. Michelin, délégué de la Société d'Horticulture de Paris, faisait connaître en ces termes les encouragements donnés à l'œuvre entreprise et les progrès accomplis : « Depuis l'année dernière, nos essais ont été encouragés avec un accueil dont je suis heureux de vous rendre témoignage ; dans plusieurs cas, des hommes éclairés ont eu recours à la presse périodique pour nous féliciter de notre résolution, et les Sociétés agricoles et horticoles, en envisageant bien les conséquences, l'ont approuvée.

» J'ajoute que la Société impériale d'Agriculture de France, qui a pour mission de répandre les lumières de la science sur les hautes études agricoles de notre pays, m'a adressé par l'organe du savant académicien qui la préside (1), pour vous les reporter, les témoignages du plus vif intérêt et de la plus profonde sympathie.

» Pendant la saison dernière, les fruits qui ont composé cette exposition de 1862, qui a été si brillante, ont été mis à profit. En effet, 400 variétés environ ont été examinées ; sur ce nombre, 360, savoir : 338 pommes et 22 poires, ont été étudiées et dégustées, je dirai plus, soigneusement décrites et reproduites par l'esquisse et le moulage. Vous en verrez les épreuves fidèles dans la remarquable collection de la Société.

» Nos confrères de Caen, de leur côté, ont travaillé comme nous et sur le même plan que nous ; ils ont opéré sur 450 variétés, et, pendant cette trop courte session, nous venons de commencer la fusion des documents que nous a apportés notre érudit et infatigable collègue, M. Thierry, qui a pris une si grosse part dans leur élaboration.

(1) M. Payen, membre de l'Institut (Académie des Sciences).

» ... Lorsque nous avons mis la main à l'œuvre, nous avons trouvé le chaos dans la nomenclature, et des choix trop souvent défectueux dans la culture.

« Notre but est de réduire la catalogue général et de lui donner le plus d'utilité possible pour les planteurs qui, en le consultant, concourent à l'amélioration des vergers, en y introduisant des espèces plus méritantes (1). »

Le 13 novembre 1863, M. le comte d'Estaintot, président de la Société d'Horticulture de la Seine-Inférieure, et M. C. Lesueur, président de la Commission de Pomologie, adressaient aux Sociétés d'Horticulture et aux pomologues de la région du Nord-Ouest de la France, pour l'étude des fruits de pressoir, une circulaire dont nous allons donner quelques extraits.

« Dès le 2 février 1862, la Société d'Horticulture de la Seine-Inférieure adressait un appel à toutes les sociétés et à toutes les personnes intéressées à la culture des fruits de pressoir, pour en entreprendre l'étude. Les premiers travaux, inaugurés à la suite d'une exposition importante de fruits à cidre qui eut lieu le 2 octobre suivant, ont déjà produit des résultats très satisfaisants. Elle les a consignés dans la publication ci-jointe (2), qui pourra servir de base et de modèle pour les études analogues que nous cherchons à provoquer dans toute la région du Nord-Ouest (3).

» La présence du Congrès pomologique à Rouen, cette année, a été l'occasion d'une nouvelle exposition. Le nouvel appel, que nous avions adressé aux sociétés et aux cultivateurs du Nord-

(1) *Bulletin de la Société centrale d'Horticulture de la Seine-Inférieure*, t. IX, 1863, p. 513-514.

(2) Le 4e cahier de la Pomologie.

(3) Nord, Pas-de-Calais, Aisne, Oise, Somme, Seine-Inférieure, Eure, Calvados, Orne, Manche, Mayenne, Sarthe, Loire-Inférieure, Morbihan, Finistère, Côtes-du-Nord et Ille-et-Vilaine.

Ouest, a été entendu, et les fruits de pressoir étaient représentés par de très nombreux échantillons. La Commission s'est remise à l'œuvre avec un nouveau courage, en présence de matériaux si intéressants. La Société d'Horticulture du Calvados avait envoyé une nombreuse collection, qu'accompagnait M. Thierry qui a pris une grande part à l'étude des fruits de sa contrée. La Société avait étudié d'après le même plan que nous, et on peut facilement comparer les notes prises de chaque côté. Cette épreuve décisive prouva, si l'on en doutait encore, l'utilité de cette communauté de travaux. Dès lors, le Congrès régional du Nord-Ouest, pour l'étude des fruits de pressoir, était fondé. On arrêta le principe de se transporter successivement dans les principaux centres de la région où se cultive le pommier, et, sur l'aimable proposition de M. Thierry, le délégué de la Société, il fut décidé que, l'an prochain, notre prochaine réunion aurait lieu à Caen. »

La circulaire rappelait ensuite le mode de procéder adopté en 1862, pour l'examen des fruits, et on lisait à la suite ce *nota* :

« La prochaine réunion du Congrès régional du Nord-Ouest de la France, pour l'étude des fruits de pressoir, aura lieu à Caen en 1864. (1) »

Il était bon de faire connaître, non seulement dans la région du Nord-Ouest, mais partout où cette question de la culture du pommier pouvait avoir quelque intérêt, le projet des Sociétés de Rouen et de Caen. M. Michelin s'en chargea. Dans le numéro du 15 octobre 1894 de la *Revue horticole* (p. 409-410), il annonçait l'exposition qui allait s'ouvrir dans cette dernière ville. Après avoir dit que, à la fin du mois de septembre, un Congrès s'était réuni à Nantes pour l'étude des fruits de table, il ajoutait :

(1) *Bulletin*, etc., t. IX, 1862-1863, p. 527-529.

« A côté de cette louable entreprise, il en est une qui en **dérive**
et se recommande au même titre. Elle est digne également de
l'intérêt de ceux qui, à la culture des jardins, ajoutent celle des
champs et des vergers ; nous voulons parler de l'étude de ces
fruits de pressoir qui, dans les départements du Nord-Ouest de
la France, sont une source inépuisable de produits pour les cultivateurs, leur fournissant une boisson salutaire et les dédom-
mageant amplement de l'absence des vignes, qui exigent **un sol**
plus échauffé par les rayons de soleil. On doit à des arboriculteurs
émérites de Rouen l'idée première d'une amélioration qui con-
sisterait dans l'étude des poiriers et des pommiers à cidre, le choix
de meilleures variétés à cultiver et la composition d'un **cata-**
logue unique pour les désigner à coup sûr.

« Deux Expositions, dont la première se fit en automne 1862,
eurent lieu à Rouen sous les auspices de l'Administration mu-
nicipale et livrèrent à l'examen d'une société, composée d'hommes
les plus compétents, plusieurs centaines de fruits qui **furent**
de suite, jugés, dessinés et reproduits avec autant d'habileté
que d'exactitude par le moulage. »

M. Michelin appuyait alors sur l'avantage que présentaient
de pareilles études en éclairant les agriculteurs sur le choix des
fruits, puis il ajoutait: « Les arboriculteurs de Caen l'ont compris comme leurs confrères de Rouen ; ils se sont résolument
associés à leurs efforts et ont voulu les seconder. Les Sociétés
d'Horticulture et d'Agriculture de cette ville, si intéressantes à
tant d'égards, vont ouvrir une Exposition de fruits de table et
particulièrement de fruits de pressoir le 7 novembre prochain.

» A la suite de cette exhibition, le nouveau Congrès régional,
entrant dans la voie qu'il se propose de suivre, en se portant
ainsi chaque année sur un point différent, tiendra sa troisième
session, dont les travaux feront corps avec ceux qui ont déjà été

exécutés à Rouen, et auxquels sont conviés à prendre part tous les hommes spéciaux qui voudront y apporter leurs lumières et leur expérience. »

Ces paroles de M. Michelin avaient eu leur écho jusque dans l'Angleterre, où la culture du pommier est en usage dans un certain nombre de comtés. Nous relevons, en effet, le passage suivant dans le numéro du 1er novembre 1864 de la *Revue horticole* (p. 423).

« Nos confrères de l'autre côté de la Manche ont annoncé avec beaucoup d'éloges la convocation du Congrès pomologique qui vient de se réunir à Caen durant cette quinzaine. Ils approuvent chaudement l'idée déjà réalisée à Rouen, l'an dernier, d'étudier spécialement les fruits susceptibles de servir à la fabrication du cidre ou du poiré. »

En effet, le lendemain du jour où s'était ouverte l'Exposition pomologique de Caen (1), M. Michelin proposa, dans la première séance que tint la Commission d'études, le 9 novembre 1864, de fonder une Association permanente pour l'étude des fruits à cidre. Cette création était dans la pensée de tous ; aussi le projet fut-il immédiatement adopté, et une Commission, composée de MM. de Boutteville, Thierry et Michelin, nommée pour rédiger un projet de statuts. Le 11 novembre suivant, une Assemblée, présidée par M. Bertrand, député, maire de Caen, et président de la Société d'Agriculture et de Commerce de cette ville, Assemblée composée de nombreux membres des Sociétés savantes de la Normandie, et de pomologues, adopta, à la suite de l'exposé fait par M. Michelin des travaux antérieurement accomplis, les statuts du *Congrès pour l'étude des fruits à cidre*, après qu'ils eurent été discutés article par article.

(1) La Société d'Horticulture de la Seine-Inférieure a obtenu à cette exposition une médaille d'or pour sa collection de fruits de pressoir.

Il nous semble à propos d'en faire connaître les dispositions principales :

« Art. 1er. — Est constituée, à partir de ce jour, une société permanente qui portera le nom de *Congrès pour l'étude des fruits à cidre*.

» Art. 2. — Le but de cette Association est l'étude des pommes et des poires de pressoir dans tous les départements producteurs ; l'examen de toutes les questions d'intérêt général qui se rattachent au choix, à la plantation, à la culture et à la préparation des boissons alimentaires qui en proviennent, enfin, l'appréciation et la publication des travaux communiqués par les Sociétés locales ou les particuliers et qui seront jugés utiles.

» Art. 4. — Le Congrès tient ses séances, chaque année, dans une des villes des contrées où s'étend son action.

» Art. 5. — Pour la gestion de ses intérêts, l'exécution de ses décisions, la préparation des programmes de ses travaux et leur publication, le Congrès nomme un Conseil d'Administration dont le siège est à Rouen... Un tiers au moins des membres élus, y compris le secrétaire, doivent être domiciliés à Rouen ou dans les environs de cette ville. »

Les statuts étaient suivis de cette *disposition transitoire* : « Jusqu'à sa première réunion en assemblée générale et en attendant l'élection des membres qui, en vertu de l'article 5 ci-dessus, doivent former le Conseil d'Administration, le Congrès sera administré par le président de la Société impériale et centrale d'Horticulture de la Seine-Inférieure, assisté des membres du bureau de la dite Société, à l'adhésion de laquelle la présente délibération devra être soumise. »

Dans le discours qu'il prononçait, le 13 novembre, dans la séance publique de distribution des récompenses, M. Bertrand, maire de Caen, député et président de la Société d'Agriculture et de Commerce de Caen, insista sur l'importance des études qui allaient être désormais consacrée aux fruits de pressoir :

« Ce que la Société d'Agriculture et de Commerce de Caen, dit-il, appelait de ses vœux, non seulement les Sociétés centrales d'Horticulture de Rouen et de Caen l'ont réalisé en inscrivant, depuis deux ans, les fruits de pressoir à côté des fruits de table, au programme de leurs études et de leurs concours ; mais encore nous voyons aujourd'hui constituer parmi nous une institution permanente, dont l'action s'étendra sur tous les départements qui cultivent les fruits à cidre... Que la Société d'Horticulture de Rouen veuille bien recevoir un témoignage tout particulier de notre gratitude, puisque c'est à son initiative que nous devons cette sorte de concours pomologiques qui deviennent une institution durable (1). »

Si nous avons cru devoir entrer dans ces longs développements sur l'origine de ces études nouvelles, c'est qu'on a trop oublié que la Société centrale d'Horticulture de la Seine-Inférieure a eu le grand honneur et l'incontestable mérite d'inaugurer ces travaux. Un Ministre de l'Agriculture n'a-t-il pas laissé tomber ces étranges paroles dans le discours qu'il a prononcé, le 6 octobre 1895, à Laval, où il présidait la distribution des récompenses des concours organisés par l'Association pomologique de l'Ouest ?

« Ce fut, Messieurs, une idée féconde qui donna naissance à l'Association pomologique de l'Ouest. Avant l'apparition de cette Société, on ne s'occupait guère que des pommes et des cidres de Normandie, dont la culture et la fabrication étaient, en quelque sorte, abandonnées à la tradition et à l'empirisme. On

(1) *Bulletin de la Société centrale d'Horticulture de Caen et du Calvados*, **année** 1864, p. 93.

n'en connaissait ni les règles rationnelles, ni les procédés scientifiques. L'industrie du cidre n'a été véritablement fondée qu'à partir du jour où l'Association pomologique l'a prise en main. » (1)

La réponse à ce langage se trouve dans les *Procès-verbaux du Congrès pour l'étude des fruits à cidre*, et dans le beau traité de MM. de Boutteville et Hauchecorne, *Le Cidre.*

Les sessions du Congrès ont eu lieu à Caen en 1864, à Rennes en 1865, à Alençon en 1866, à Beauvais en 1867, à Saint-Lô en 1868, à Bayeux en 1870, à Yvetot en 1871.

Nous n'entrerons point dans de longs développements sur ces sessions dont les procès-verbaux ont été réunis en un volume publié en 1872 (2).

Le compte-rendu de chaque session comprend les procès-verbaux des séances, la liste alphabétique et descriptive des pommes à cidre mises à l'étude pendant le cours de la session et, à partir de 1866, les mémoires présentés qui ont paru dignes de l'impression. Parmi ces mémoires, nous citerons particulièrement ceux de M. Hauchecorne : *De la Fabrication et de la Conservation du Cidre* (Congrès de Beauvais 1867) ; *Des qualités que doivent réunir les pommes à cidre pour être classées au nombre des meilleures* (Congrès de Saint-Lô, 1868) ; *Cidre et boisson, comment on doit les fabriquer et les conserver* (Congrès de Bayeux, 1870). C'est dans le mémoire présenté à Saint-Lô, en 1868, que M. Hauchecorne publia les résultats des analyses chimiques auxquelles il soumit le premier les fruits de

(1) *Bulletin de l'Association pomologique de l'Ouest*, t. XIII, p. 48 et 49.

(2) A Rouen, chez Henry Boissel. — *Un supplément aux procès-verbaux des sessions* a été publié en 1873, à Rouen, chez Léon Deshays. — M. Michelin. a résumé les travaux de ces divers Congrès dans la *Note sur l'historique des Sociétés et Congrès pomologiques*, qu'il a publiée dans les *Comptes rendus de la 27e session générale annuelle de la Société des Agriculteurs de France*, 2e fascicule, p. 474-476.

pressoir, qu'on dégustait auparavant pour en déterminer la qualité.

« Nous nous sommes demandé, disait-il, si le mode d'appréciation des fruits par la saveur seule, bien qu'exercé par des hommes éminemment capables, pouvait suffire dans tous les cas à déterminer la présence des éléments utiles contenus dans les fruits à cidre, en d'autres termes, si les fruits n'admettaient pas au rang de leurs principes utiles, une ou plusieurs substances entièrement insipides, et par là-même, susceptibles d'échapper à la dégustation la plus délicate.

» Pour résoudre cette question, il nous a fallu, naturellement, recourir à l'analyse chimique, puis étudier les qualités organoleptiques des éléments trouvés et déterminer, enfin, le rôle exact qu'est appelé à jouer chacun d'eux dans le grand acte de la fermentation.

» C'est le résumé de nos essais et les observations qu'ils nous ont suggérées que nous nous proposons de relater ici, en y joignant le détail de nos expériences, pour favoriser à les répéter quiconque le désirerait, afin d'en contrôler la précision (1). » Dans ce mémoire sont donnés les résultats de l'analyse de 25 fruits (2). A la suite des comptes rendus du Congrès de Bayeux, on trouve l'analyse de 68 pommes et de 3 poires (3).

Ajoutons encore que dans les diverses sessions du Congrès, toutes les questions relatives au pommier et au cidre ont été débattues ; les procès-verbaux contiennent à cet égard bien des renseignements utiles.

MM. de Boutteville et Michelin furent les ouvriers de la première heure et de la dernière. Ils avaient eu la part principale

(1) *Congrès pour l'étude des fruits à cidre*, p. 131.
(2) *Ibid.*, p. 134-139.
(3) *Ibid.*, p. 238-248.

dans l'établissement du Congrès ; ils assistèrent à toutes ses sessions où ils eurent le mérite de grouper toutes les bonnes volontés.

En 1872, le Conseil d'Administration du Congrès pensa que les études étaient assez avancées pour qu'un travail sur le cidre pût être rédigé. MM. de Boutteville et Hauchecorne l'entreprirent immédiatement et publièrent en 1875 le premier ouvrage vraiment scientifique qui ait paru sur cette matière : *Le Cidre, traité rédigé, d'après les documents recueillis de 1864 à 1872 par le Congrès pour l'étude des fruits à cidre*. On sait qu'il a été honoré des plus hautes récompenses.

Le Congrès institué en 1864 arrêta alors ses travaux ; il remit à notre Société ses archives, ses livres et le reliquat de ses fonds.

On peut regretter que les savants et les praticiens, qui avaient participé à sa fondation et conduit ses travaux, n'aient point songé à continuer leur œuvre. Rien n'est jamais achevé en ce monde, et, dans le vaste champ de la pomologie, il y aura toujours à défricher. Fort heureusement l'Association pomologique de l'Ouest est venue reprendre les travaux interrompus. Fondée en 1883, elle a tenu successivement ses Congrès dans les villes de Rennes, de Rouen, du Mans, de Versailles, du Havre, de Saint-Brieuc, de Paris, de Caen, d'Avranches, d'Evreux, de Vannes, de Laigle et de Laval. Cette année, sur la demande de notre Société, elle a bien voulu venir à Rouen pour la seconde fois. Nous l'y recevrons avec cette sympathie qui naît du dévouement à une œuvre commune, et nous prêterons avec empressement notre concours aux savants et aux praticiens qui se livrent à ces importantes recherches sous l'habile direction de leur éminent président, M. Lechartier.

Pendant que le Congrès fondé en 1864 poursuivait son œuvre,

la Société centrale d'Horticulture continuait de son côté les études qu'elle avait inaugurées en 1862. Dans la séance du 16 novembre 1868, elle avait manifesté le désir qu'une Commission fût nommée pour dresser la liste des variétés de pommes à cidre, qui méritent d'être recommandées aux pépiniéristes, en vue de leur propagation, et aux cultivateurs de notre département, à raison de l'abondance et de la bonne qualité des produits qu'elles peuvent fournir. Cette Commission, composée de MM. Boisbunel, Collette, Damour, Grainville, Lesueur, Mauduit, Marabot, Pellier, Réfuveille, Sannier et Teinturier, chargea M. de Boutteville de faire connaître à la Société le résultat de ses investigations.

Le rapport, imprimé dans le t. XIII* (1), p. 18-27 des bulletins de la Société, donne une liste de trois fruits de 1re saison, 17 de 2e et 7 de 3e. Chaque fruit est accompagné de sa description.

En 1879, M. H. Courcelle, président de la Société, chargea une Commission d'étudier les moyens de propager les bonnes variétés de pommes à cidre. Les conclusions de la Commission furent adoptées sur le rapport de M. C. Lesueur (2). Après avoir établi que « la principale cause de l'introduction en Normandie d'arbres à fruit de médiocre qualité et de production mauvaise est l'insuffisance des pépinières », la Commission proposait « d'offrir des primes et des récompenses à ceux des pépiniéristes qui se livreraient à la culture des pommiers à cidre greffés des meilleures variétés, et à celle des pommiers non greffés destinés soit à offrir des variétés nouvelles, soit des sujets qui recevront les greffes de celles qu'on aura reconnues de très bonne qualité. »

Pour arriver à ce résultat, la Commission proposait « d'offrir

(1) Le t. XIII comprend les années 1868-1869, mais avec pagination distincte ; nous désignons, par ce signe *, la partie du tome afférente à l'année 1869.

(2) *Bulletin*, etc., t. XXI, p. 181-194.

une médaille d'or à quiconque présentera mille pommiers à cidre, destinés à la vente, cultivés et greffés dans le département, en pied et en tête, des variétés reconnues de premier mérite, ayant au moins deux ans de greffe pour ceux greffés en tête, et, les uns comme les autres, douze à quinze centimètres de périmètre à un mètre du sol, la tige ayant deux mètres de haut sous branches, bien droite, vigoureuse et sans défaut, étiquetés et enregistrés avec tout l'ordre possible dans la pépinière.

» Une médaille d'or et cent francs pour celui qui en présenterait deux mille dans de telles conditions.

» Une médaille d'or et deux cents francs à celui qui en présenterait trois mille. »

Ces prix ont été plusieurs fois décernés.

Parmi les travaux intéressants que nos *Bulletins* contiennent sur le pommier et le cidre, citons un travail de M. Morière, doyen de la Faculté des Sciences de Caen, intitulé : *Note sur une maladie des pommiers causée par la fermentation alcoolique de leurs racines* (tome XXIV, 1882, p. 336-341), et la réimpression d'un petit ouvrage devenu rare : *L'art de cultiver les pommiers, les poiriers et de faire du cidre selon l'usage de la Normandie*, par M. le marquis de Chambray, à Paris, M. DCC. LXV (*Bulletin*, etc., t. XXXI, 1889, p. 163-193.)

La Société a sollicité des pouvoirs publics un règlement pour la destruction obligatoire du Gui (*Bulletin*, etc., t. XXIX, 1887, p. 20); à trois reprises, elle a demandé, mais sans parvenir à l'obtenir, que des arbres fruitiers fussent, à l'imitation des pays étrangers, plantés sur les routes de la Seine-Inférieure (*Bulletin*, etc., t. XVIII, 1876, p. 20-22, t. XXIII, 1881, p. 40-52, et t. XXXI, p. 84-85 et 233-234.) Elle ne désespère pas cependant d'obtenir la réalisation de ce vœu.

La Société possède actuellement les moulages de 375 variétés de pommes et de poires de pressoir. Classées dans ses vitrines, elles sont désignées par des cartes de couleurs spéciales : *carte jaune*, fruit excellent; *carte blanche*, fruit très bon ; *carte saumonnée*, fruit bon; *carte lilas*, fruit médiocre ou mauvais.

Les fruits sont rangés d'après cette classification dans le catalogue publié en 1882. Dans huit colonnes sont indiquées : 1° le nom de la variété; 2° l'époque de floraison ; 3° l'époque de maturité; 4° la saveur du fruit; 5° la qualité du jus ; 6° la densité ; 7° les principes utiles contenus dans un kilog. de jus (sucre alcoolisable, rendement alcoolique, tanin, acidité évaluée comme acide sulfurique monohydrique); 8° désignation ou plutôt description de l'arbre.

Les cartes placées dans les vitrines au-dessous des fruits en font connaître, d'après les analyses de M. Hauchecorne, la composition chimique.

A l'époque où la Société décida de joindre à ses travaux l'étude des fruits de pressoir, le président, M. de Boutteville, disait : « Pour mener à bien tous ces travaux, pour soumettre à une culture expérimentale les fruits réunis par ses soins et les végétaux utiles qu'il serait nécessaire d'étudier durant toutes les phases de leur végétation, la Société aurait besoin de posséder, en toute propriété, un jardin d'expérimentation suffisamment étudié, tandis qu'aujourd'hui elle n'a pour local de ses expériences qu'un terrain beaucoup trop resserré qu'elle tient à loyer, de sorte que, sans l'obligeance d'un de ses membres qui a bien voulu recevoir au milieu de ses pépinières sa collection d'arbres fruitiers, elle n'aurait pu songer à la former, et que chaque jour elle est exposée à la perdre pour une circonstance fortuite (1). »

(1) *Discours prononcé dans la séance solennelle du 30 juin 1861*, — *Bulletin*, etc., t. VIII, p. 66.

Il a fallu du temps pour que le vœu de M. de Boutteville fût réalisé ; il l'est enfin depuis l'année 1887.

C'était un fait reconnu que les vergers de notre département étaient envahis par une foule d'arbres à fruit de médiocre qualité qu'on plantait en remplacement de certaines variétés qui, *vaincues du temps* et *cédant à ses outrages*, dépérissaient et devenaient improductives. Il y avait là un danger que M. C. Lesueur signalait en ces termes dans le remarquable rapport dont nous avons parlé plus haut : « La principale cause, disait-il, de l'introduction en Normandie d'arbres à fruits de médiocre qualité et de production mauvaise, est l'insuffisance des pépinières, entre autres dans notre département. Il en résulte que certains pépiniéristes, je dirai même des marchands d'arbres qui n'ont pas de pépinières, achètent en très grande quantité des pommiers qui arrivent même par wagons complets et sont colportés dans beaucoup de marchés, où ils sont toujours vendus sous le nom demandé par l'acheteur, quand le plus souvent le vendeur ne sait même pas ce qu'il livre.

» Ces arbres provenant de contrées où on ne fait pas usage de cidre, et de pays où cette boisson ne joue qu'un rôle très secondaire, il en résulte que les pépiniéristes qui les élèvent ne recherchent que les variétés les plus vigoureuses qui leur produisent des arbres bons à vendre en quatre, cinq ou six ans au plus, d'un aspect très flatteur pour les personnes incompétentes. Si vous demandez à ces pépiniéristes des renseignements sur la qualité des variétés, ils vous répondent sérieusement: « Elles » sont excellentes, elles font des arbres superbes en quatre » ou cinq années (1) ».

Sur les conclusions de ce rapport, la Société fondait des prix

____

(1) *Bulletin*, etc., t. **XXI**, 1879, p. 183.

en faveur des pépiniéristes qui, dans le département, ne culti-
veraient, et par conséquent, ne vendraient que des arbres
greffés de variétés de premier mérite. On sait combien sont
tenaces l'indifférence, l'ignorance et la routine ; ces récompenses
ne furent, en somme, que peu sollicitées. Il fallait un autre
remède.

Dans une des dernières séances de l'année 1885, le Président
donnait lecture d'une lettre d'un membre de la Société, M. Lacaille, pépiniériste à Frichemesnil (Seine-Inférieure). Ému, lui
aussi, de la diffusion dans le département des mauvaises variétés
de fruits de pressoir, cet habile et zélé praticien proposait
d'adresser un vœu au Conseil général pour la création d'une
école de pommiers à cidre. Il s'agissait de reprendre, dans de
meilleures conditions, l'œuvre jadis tentée avec une ardeur et
une intelligence qui méritaient un meilleur succès par deux
hommes éminents, MM. J. Girardin et A. du Breuil, dans le
terrain du jardin des plantes de Rouen, que sa nature sablon-
neuse rendait impropre à cette culture.

La proposition de M. Lacaille fut prise immédiatement en
considération, et l'examen en fut renvoyé à la Commission
permanente des fruits à cidre. Celle-ci émit un avis favorable
dans le rapport qui fut présenté à la Société dans la séance du
14 février 1886. Elle proposait en même temps, comme M. Lacaille l'avait d'ailleurs fait dans la lettre précitée, de solliciter
le concours de la Société centrale d'Agriculture du département
de la Seine-Inférieure, dans la pensée que les efforts collectifs
de ces deux Compagnies auraient plus d'efficacité que des
démarches isolées. Cet avis fut adopté et le Président de la
Société d'Horticulture se mit en rapport avec le savant distingué,
M. Houzeau, qui présidait alors la Société d'Agriculture.

Nul n'ignore les services de premier ordre que cette importante Compagnie a rendus au département de la Seine-Inférieure depuis plus d'un siècle qu'elle existe. Attentive à favoriser tout ce qui peut augmenter le bien-être et la richesse des agriculteurs et du pays, elle ne pouvait manquer d'accueillir avec empressement la proposition de la Société d'Horticulture. Une Commission fut composée des membres les plus compétents des deux Sociétés et de plusieurs officiers des deux bureaux (1).

La question d'argent est l'écueil des plus beaux projets.

Pour établir une école d'arbres à fruits de pressoir dans un terrain acheté dont l'étendue ne devait pas être inférieure à cinq hectares, il eût fallu dépenser 27,000 fr. C'était l'avortement du projet.

Tout fut sauvé par l'intervention et l'offre généreuse de M. E. Dupré, vice-président de la Société centrale d'Horticulture. Il proposait de faire don au département, pour la création de cette école, moyennant une rente viagère qui lui serait servie, d'une ferme d'une surface totale de 10 hectares 27 ares qu'il possédait, à trois lieues environ de Rouen, dans la commune de Quincampoix, au triège des Monts-Meslins.

La Commission visita cette propriété qui lui parut convenir au but qu'on voulait atteindre. « Les herbages, disait M. Léger, secrétaire de la Société d'Agriculture et rapporteur de la Commission, sont plantés de pommiers en pleine végétation dont l'étude immédiate sera très profitable à vos travaux. La nature du sol y est heureusement variable, sans être de trop bonne qualité. Enfin, des bâtiments nombreux y sont édifiés et dispenseront pour longtemps de travail de construction. » En conséquence, la Commission proposait aux deux Sociétés de

(1) V. *Création d'un Verger-Ecole de fruits de pressoir*, etc. *Rapport présenté à la Société centrale d'Horticulture de la Seine-Inférieure* par M. A. Héron, président. — *Bulletin*, etc., t. XXVIII, 1886, p. 206-211.

solliciter de M. le Préfet de la Seine-Inférieure l'acceptation par le Conseil général du don que M. Dupré offrait au département, et de demander à cette Assemblée une subvention annuelle de 5,000 fr. (qui serait portée à 5,400 pour la première année), afin de faire face aux dépenses du Verger-Ecole, dont l'ouverture pourrait avoir lieu le 1ᵉʳ octobre 1886 (1).

M. le Préfet communiqua le projet et la proposition au Conseil général dans la session d'août : « J'estime que cette affaire, disait-il, très importante pour notre région, a besoin d'être approfondie et ne saurait être résolue à la légère ; elle n'est pas mûre, et je pense que si la Société centrale voulait prendre à son compte la nouvelle institution, elle pourrait fonctionner de la façon la plus satisfaisante et la plus fructueuse... » Le Conseil général pensa que le projet avait besoin d'être étudié et approfondi et décida de renvoyer l'affaire pour être soumise plus tard à la Commission départementale.

A la suite de cette décision du Conseil général, la Société centrale d'Agriculture renonça à poursuivre la création du Verger-Ecole, de concert avec la Société d'Horticulture. Celle-ci résolut de continuer son œuvre, et, sans se laisser arrêter par le projet, présenté au Conseil général dans sa session d'avril 1887, d'instituer à Aumale une école départementale d'agriculture, à laquelle pouvait être annexé un verger d'études pour les fruits de pressoir, elle adopta, dans sa séance du 16 mars 1887, la résolution suivante :

« La Société décide la création d'un verger-école destiné à l'étude des meilleures variétés des fruits de pressoir et à leur propagation par distribution de greffes ; elle accepte la cession faite par M. E. Dupré, vice-président, d'un terrain sis à Quin-

______

(1) *Rapport présenté au nom de la Commission mixte des Sociétés centrales d'Agriculture et d'Horticulture*, par **M. Léger.** *Ibid.*, p. 212-219.

campoix, d'une contenance d'environ 11 hectares, moyennant une rente annuelle de 1,000 fr., et autorise le président à passer devant notaire l'acte de cession suivant ces conditions. »

La conclusion de cette affaire fut toutefois différée jusqu'au moment où le Conseil général aurait statué sur le concours que la Société sollicitait du département.

Cette assemblée avait demandé, le 6 mai 1886, l'inscription au budget départemental d'un crédit annuel destiné à encourager la culture du pommier, et M. le Préfet avait inscrit, à cet effet, une somme de 2,400 fr. au budget primitif de 1887. La Société était autorisée à espérer que « une somme de 1,500 fr., destinée à encourager par une nouvelle subvention l'initiative intelligente de la Société, serait maintenue de ce chef au budget de 1887 (1) » ; elle dut renoncer à cet espoir.

Dans la saison d'août 1887, le rapport présenté au nom de la première Commission du Conseil général tranchait ainsi la question du Verger-Ecole : « En présence du vote qui a décidé, dans votre séance du 26 août, présent mois, la fondation d'une école pratique d'agriculture à Aumale, votre première Commission a pensé qu'il n'y avait pas lieu désormais de donner suite au projet de l'établissement de ce verger, et qu'il conviendrait d'adjoindre une école d'arboriculture à l'école pratique que vous avez fondée. Vous voudrez bien, Messieurs, vous associer aux éloges que M. le Préfet adresse à la Société centrale d'Horticulture, et rendre hommage au zèle éclairé et au dévouement de cette Société qui a déjà organisé un service de greffes important, et qui se montrait disposée à continuer ses efforts pour faire aboutir le projet d'école-verger dans le département. »

La Société ne crut pas, malgré ses mécomptes, devoir ajourner l'exécution de son projet. Dans la séance du 25 sep-

(1) *Rapport de M. le Préfet au Conseil général*, session d'août 1886, p. 173.

tembre 1887, à laquelle assistait M. Lechartier, président de l'Association pomologique de l'Ouest, le Président, après avoir exposé l'état des choses, proposa d'entreprendre la création du verger-école, bien que toutes les dépenses fussent à la charge de la Société ; ces dépenses, qui seraient aussi limitées qu'on le jugerait à propos, pourraient être, dans cette condition, supportées par les finances de la Société.

M. Lechartier engagea vivement la Compagnie à donner suite à son projet de création d'un verger-école, et cita, à l'appui de ses conseils, deux Sociétés qui venaient de créer des vergers d'études de fruits à cidre. Après avoir rappelé qu'il est du devoir de toute Société qui s'occupe de pomologie et de fruits à cidre, de propager et de vulgariser les connaissances propres à faire progresser la fabrication du cidre en augmentant ses qualités, il démontra qu'en créant un verger d'études qui serait l'atelier d'expériences de la Société, et qu'en donnant ou vendant des greffes de bonnes variétés de pommes, la Société rendrait un très grand service à toutes les personnes qui s'occupent de fruits à cidre.

Examinant le cas où à l'école d'agriculture il serait créé un verger d'études, M. Lechartier fit remarquer que jamais ce verger ne nuirait à celui de la Société. Au contraire, ces deux vergers créés à des expositions diverses et en terrains différents contrôleraient réciproquement leurs expériences.

Ces observations, si bien présentées par M. le Président de l'Association pomologique de l'Ouest, décidèrent la Société à renvoyer l'examen de la question à la Commission spéciale et à la Commission des Finances, et à porter la discussion à l'ordre du jour de la première séance d'octobre (1).

(1) *Procès-verbal de la séance du* 25 *septembre* 1887. — *Bulletin*, etc., t. XXIX, pp. 182-183.

Sur l'avis conforme de ces deux Commissions, la Société confirma dans cette séance la décision qu'elle avait déjà prise, le 16 mars de la même année, et adopta, à la presque unanimité des suffrages, une résolution formulée en ces termes : « La Société, après discussion, décide qu'il sera créé un verger-école d'arbres à fruits de pressoir, dans la propriété de 11 hectares, sise à Quincampoix, dont M. Dupré, vice-président de la Société, propose la cession à la Société moyennant une rente viagère de mille francs, et autorise son président à passer l'acte de cession sous ces conditions » (1).

L'acte fut passé le le 12 novembre 1887 devant Mᵉ Courcelle, notaire à Rouen, et une Commission chargée de l'organisation du verger-école fut immédiatement formée; elle était composée de MM. Barrabé père, Levillain aîné. Lucet, Gustave Power, Varenne, Vilaire, H. Lacaille, Sanson, Ch. Marie, C. Lesueur, E. Dupré, Mansel, Max. Dujardin, Arsène Sannier, Gautier père, Guéroult et Paul Teinturier.

Les plantations commencèrent dès l'hiver de 1887-88; elles ont continué chaque année sous la direction de M. T. Lucet, professeur d'arboriculture, puis de M. Ch. Marie. Il est inutile et il serait trop long de détailler ce qui a été fait annuellement. Nous nous bornerons donc à faire connaître l'état actuel des plantations; mais auparavant nous emprunterons l'extrait suivant au rapport présenté, en 1888, sur les premiers travaux, par M. Ch. Marie, alors secrétaire-adjoint du Bureau; il fera connaître la nature du terrain et la méthode suivie dans les plantations :

« La partie de la propriété dans laquelle sera établi le verger-école, qui n'a pas moins de dix hectares de superficie, peut être

(1) *Procès-verbal de la séance du 2 octobre. — Ibid.*, pp. 241-242.

représentée, en figure géométrique, par un trapèze rectangle,
dont les bases partant de l'angle droit se dirigent du nord au
sud ; la base la plus longue, ouest, est bordée de bois, ainsi que
le côté opposé aux angles droits ; l'autre base est bordée par
un herbage, et le côté de l'angle droit par un fossé. Le terrain
est légèrement en pente de l'est à l'ouest, et, disons-le en passant,
la nature du sol est tufacée ; il renferme peu de cailloux, du
moins dans la partie plantée cette année ; comme tous les sols de
ce genre, il conserve l'eau à sa surface. Il serait très facile
d'éviter cet inconvénient en drainant le champ, ce qui, du reste,
est complètement inutile, les pommiers y poussant très bien
sans ces frais ; la meilleure preuve nous en est fournie par les
arbres qui se trouvent encore dans le champ et qui n'ont pas
moins de cinquante années de plantations, et sont beaux. Il y a
donc à espérer que ceux que nous planterons ne se comporteront
pas plus mal. Cela dit, revenons à nos plantations qui sont faites
dans la partie nord-ouest du champ ; elle est la plus près de
l'habitation et de l'entrée qui se trouve dans l'angle. L'enclos
réservé aux porte-greffes est entouré d'un treillage d'un mètre
de haut ; ce treillage est garni dans sa partie inférieure d'un
grillage en fil de fer de 0^{m}60 de haut, qui doit préserver les
plants des lapins ; une plantation d'épine est faite pour établir
le long du treillage une haie vive. Dans cet enclos, un carré est
planté d'arbres greffés de un ou deux ans ; ces arbres, dont les
variétés sont celles indiquées par la Commission, doivent fournir
des greffes dès l'année prochaine. Ils sont plantés à deux mètres
de distance en tous sens ; les trous ont été percés sur 0^{m}80 de
diamètre à 0^{m}40 de profondeur. Un autre carré est planté de la
même manière, mais avec des sauvageons qui, eux, seront
greffés l'année prochaine. Après la plantation, le terrain a reçu
un labour profond. A la suite de l'enclos des porte-greffes, sont

disposés sur trois lignes les arbres tiges. Ces arbres sont très bien portants et vigoureux ; ils ont en moyenne de 0ᵐ12 à 0ᵐ14 de circonférence ; ils sont plantés en quinconce et à douze mètres d'écartement ; ils sont garnis d'une armure en bois au bas de laquelle est fixé un grillage en fil-de-fer pour les protéger contre les lapins ; la plantation est faite sur terre ; les trous ont été percés sur deux mètres de diamètre et 0ᵐ40 de profondeur ; une botte de joncs-marins a été disposée dans les côtés des trous, une autre a été placée sur les racines, après qu'elles ont été recouvertes de terre » (1).

N'ayant pu obtenir de subvention spéciale pour l'aider dans les plantations et l'entretien de ce verger, la Société, n'ayant à sa disposition que les fonds provenant des cotisations des membres et des subventions ordinaires de l'Etat, du département et de la ville, a dû agir avec une extrême prudence. Elle a planté chaque année suivant la mesure de ses ressources ; aujourd'hui, les arbres à fruit de pressoir que renferme l'enclos des porte-greffes est de 530 ; celui du verger de 352.

Ils appartiennent aux variétés suivantes, toutes de premier choix.

Pommiers :

Alexandre Roussel.
Ambrette.
Amer doux.
Amère de Berthecourt.
Amère de Surville.
Amère verte.
Angevine.
Argile.

Argile grise.
Argile nouvelle.
A-Tanin.

Barbarie.
Bayeux (de).
Bédan.
Bédan ancien.

(1) *Bulletin*, etc., t. XXVIII, 1888, p. 220-220.

Bédan des Parts.
Bédan d'Ouville.
Belle Cauchoise.
Bergerie.
Binet blanc.
Binet gris.
Binet rouge.
Binet violet.
Bisquet.
Blanc mollet.
Blanc mollet Gallot.
Boutteville (de).
Bramtot.

Caillouel.
Cat (de).
Cazot.
Charil.
Commandant Lacassaigne.
Constant Lesueur.
Coquerel.

Domaines (des).
Douce amère grise.
Doux à l'Aignel.
Doux Belan.
Doux Evêque (1).
Doux Français.
Doux gris orangé.

Doux Joseph.
Doux Normandie.
Doux Railé.
Doux Véret.
Douze au godet.

Ecarlatine.

Faux Caillouel.
Fréquin Audièvre.
Fréquin blanc.
Fréquin Lacaille.
Fréquin Lajoie.
Fréquin rouge.
Fréquin tardif.
Furcy Lacaille.

Galopin.
Georgette de Normandie.
Gilet rouge.
Godart.
Goudron.
Grise Dieppois.
Gros Doucet.
Gros Muscadet.
Grosse douce rousse.

Hâtive Legrand.
Hauchecorne.

(1) Ce nom, qu'on trouve encore sous la forme *Doux Auvêque,* est une altération de l'ancien nom *Doux aux Vespes* (aux Guêpes).

Herbage sec.
Hérisson.

Jaunet pointu.

Le Voyageur.
Long Bois.
Longuet.

Mlle Virginie Lacassaigne.
Marabot.
Maréchal.
Marie Legrand.
Marin Onfroy.
Martin Fessard.
Maugris.
Médaille d'or.
Michelin.
Moulin à vent.
Muscadet.

Néhou.

Omont.
Or Milcent.
Orpolin.

Passe Reine des Pommes.
Peau de Vache Legrand.
Petit Ameret.
Petit doux.

Petit Mauquevillain.
Petit Muscadet.
Petit Gueroyer.
Petite amère.
Petite douce rouge.
Polette.
Président des Héberts.
Président Fortier.

Reine des hâtives.
Reine des Pommes.
Reinette au Balleu.
Reinette douce.
Renault.
Rosine.
Rossignol.
Rouge Avenel.
Rouge Bruyère.
Rouge de Trèves.
Rouge du Landel.
Rousse de la Sarthe.
Rousse Latour.

Saint-Laurent.
Secrétaire Pinel.
Surpasse Reine des Reinettes.

Terrier gris.

Vagnon Legrand.
Vagnon Louvel.

Vice-Président Héron.
Vice-Président Sannier.

Villery.

Poiriers :

Aleine (d').
Carisi blanc.
Cosneau.
Croixmare.
Grise (de).
Gros vert.
Grosse grise.

Lesueur.
Navet.
Petit Vert.
Roulin.
Sirole Hurel.
Souris.

Des expériences, dont les résultats ne manqueront pas de présenter un haut intérêt, ont été instituées au verger-école. Les arbres plantés dans le verger, ainsi que les porte-greffes, qui avaient reçu antérieurement comme engrais du fumier d'écurie, ont été soumis au traitement des engrais chimiques. Cinq formules ont été employées; nous en donnons la composition, en les désignant par les lettres A, B, C, D, E.

A

Nitrate de soude................	50 gr.
Chlorure de potassium.........	50
Superphosphate................	72
Sulfate de chaux..............	50
Sulfate de fer................	72
	294 gr.

B

Superphosphate................	120 gr.
Nitrate de potasse............	90
Sulfate de chaux..............	120
Sulfate de fer................	60
	390 gr.

C

Nitrate de soude..............	125 gr.
Chlorure de potassium.........	85
Superphosphate...............	85
Marne	85
	380 gr.

D

Nitrate de soude..............	90 gr.
Superphosphate...............	225
Chlorure de potassium.........	60
Sulfate de fer	60
	435 gr.

E

Engrais dans la composition duquel entrent :

Azote	5 0/0
Acide phosphorique soluble dans l'eau et le nitrate d'ammoniaque	5 0/0
Potasse.....................	10 0/0

300 gr. de cet engrais ont été donnés à chaque arbre.

Ces expériences sont trop récentes pour qu'il soit possible d'en apprécier dès maintenant les résultats.

Afin de remédier sans retard au mal que M. Lesueur signalait dans son rapport précité, il fallait distribuer, aussi largement que possible, des greffes aux pépiniéristes, aux cultivateurs et aux propriétaires. Le verger-école ne pouvait pas immédiatement en fournir et, pendant plusieurs années, ne devait en donner qu'un nombre insuffisant. Le président disait, dès le mois de juillet 1887, dans une lettre adressée à M. le Préfet : « Dans l'attente de la mise à exécution de notre projet, et considérant en outre que le verger-école ne pourra qu'après plusieurs années fournir des greffes aux demandes qui seront faites, j'ai établi une distribution de greffes qui a commencé le 18 mars de cette année pour finir le 18 mai. J'ai fait annoncer dans les journaux du département l'offre faite par nous aux propriétaires et aux cultivateurs, et les demandes nous sont venues plus nombreuses et de plus loin que je ne m'y serais attendu. En effet, environ 7,000 rameaux de pommiers, pouvant fournir chacun au moins deux greffes et appartenant à des variétés d'un mérite bien reconnu, ont été distribués à des cultivateurs et à des propriétaires appartenant non pas seulement à notre département, mais encore à quinze autres départements » (1).

La Société tira pendant plusieurs années ces greffes des pépinières de M. G. Power et de M. H. Lacaille, chez lesquels on pouvait être sûr de l'identification exacte des variétés. Il importait en effet aux bons résultats de cette œuvre de propagation de ne distribuer que des variétés bien authentiques.

C'est assurément là une des œuvres les plus utiles accomplies par la Société centrale d'Horticulture de la Seine-Inférieure. Entendons-nous bien. Nous n'avons pas la prétention de dire qu'on ne distribuait pas de greffes avant elle, nous disons seulement qu'à elle appartient la première idée d'avoir provoqué les demandes par la publicité que les journaux de la région et les revues spéciales à l'horticulture ont bien voulu mettre à sa disposition. De là cette large distribution qu'on peut évaluer, pour les dix années écoulées, à 5 ou 6,000 rameaux par an, pouvant fournir chacun deux ou trois greffons. Cette distribution a toujours été gratuite; les frais de port seulement ont été à la charge des destinataires.

(1) *Bulletin*, etc., t. XXIX, 1887, p. 201.

La distribution la plus considérable a eu lieu en 1888. Environ 10,000 rameaux, quelques-uns fournis déjà par le verger-école, furent répartis, pour satisfaire à 254 demandes, entre 52 départements appartenant aux diverses régions de la France. A cette époque, le phylloxéra ayant détruit beaucoup de nos vignobles, on songeait, dans un grand nombre de départements viticoles, à substituer la culture du pommier à celle de la vigne. Les vignobles ayant été reconstitués, la pomme a naturellement été abandonnée pour le raisin, et les demandes de greffes nous sont parvenues en moins grand nombre. Il faut joindre à cela que notre exemple a été suivi. Des établissements analogues au verger-école et beaucoup de particuliers ont eu recours à la publicité pour offrir des greffes. Cette année même, les deux revues, *le Cidre et le Poiré* et *le Cidre,* portaient à la connaissance de leurs lecteurs un grand nombre d'offres ainsi faites.

La Société a voulu connaître les résultats qu'elle avait obtenus par la diffusion des meilleures variétés. Réussissent-elles dans tous les terrains, dans tous les climats, dans les diverses régions de la France ? Elle a adressé la circulaire suivante aux 778 personnes ou Associations qui avaient reçu des greffes en 1887, 1888, 1889 et 1890 :

« Rouen, le 30 juin 1896.

» MONSIEUR,

» Nous vous avons, il y a quelques années, adressé, sur votre demande, des greffes de nos meilleures variétés de fruits de pressoir. Nous espérons qu'elles auront donné chez vous les résultats que vous désiriez.

» Nous vous serions obligés de bien vouloir, en échange de ce service :

» 1° Nous dire comment les arbres pourvus de ces greffes se

comportent chez vous, au point de vue de la vigueur, de la rusticité, etc. ; nous serions heureux de recevoir ces renseignements dans le plus bref délai, en raison du Congrès que l'Association pomologique de l'Ouest doit tenir à Rouen, cette année, et de la communication que nous nous proposons de lui faire ;

» 2° Nous envoyer, avant le 5 octobre prochain, quelques spécimens de fruits provenant de ces greffes, si toutefois vous en récoltez cette année.

» Veuillez agréer, Monsieur, l'assurance de ma considération la plus distinguée.

» *Le Président,*

» A. HÉRON »;

Les réponses qui nous sont parvenues jusqu'à ce jour (28 septembre) sont au nombre de 138. C'est un résultat dont nous avons lieu d'être satisfaits, si nous songeons à l'indifférence qui suit souvent les services rendus, à la négligence des propriétaires et des cultivateurs qui greffent sans étiqueter leurs arbres, ou qui, même en ayant pris ce soin, ne se préoccupent pas d'étudier ce que valent, sous tous les rapports, les variétés qu'ils possèdent, enfin, aux décès qui se sont produits parmi les personnes qui avaient reçu nos greffes.

Nous faisons connaître les résultats de cette enquête, en publiant tous les renseignements utiles que renferment ces lettres. On remarquera que plusieurs des variétés sur lesquelles portent ces appréciations ne figurent pas dans la liste donnée plus haut ; elles n'avaient pas encore été greffées dans le verger-école ; nous les tenions de MM. G. Power et H. Lacaille. Désireux d'éclairer le plus possible nos lecteurs, nous faisons connaître néanmoins ces appréciations relatives à des fruits cultivés dans notre région.

Beaucoup de lettres ne spécifient rien sur chacune des variétés, et se bornent à donner un jugement général. Il n'y a donc rien à en extraire. Disons seulement que presque tous nos correspondants reconnaissent que les variétés que nous avons ainsi répandues sont recommandables, et que ceux qui ont moins bien réussi l'attribuent franchement, soit à un terrain défavorable, soit aux conditions mauvaises dans lesquelles ils ont opéré. On en verra la preuve dans quelques extraits des lettres que nous faisons connaître.

Notre enquête ne pouvait porter sur la valeur des cidres. Les arbres, trop jeunes, ne rapportent pas encore ou ne rapportent pas assez ; et, d'ailleurs, nos pommes étant d'ordinaire brassées en mélange par les cultivateurs avec celles de leur pays, l'enquête ne reposerait pas sur une base sérieuse. Nous avons cependant reçu déjà, comme on le verra plus loin, quelques indications sur la valeur des jus.

Quoi qu'il en soit, la Société a lieu, dès à présent, d'être satisfaite de son œuvre. Elle remercie ses correspondants du soin qu'ils ont mis à la faciliter.

Nous publions, en suivant l'ordre alphabétique des départements, les communications qui nous ont été faites :

Aisne. — M. Julien, à Origny-en-Thiérache (Le Chaudron) : « La majeure partie des greffes végètent d'une façon à peu près satisfaisante, quoique leur vigueur soit en général moindre que celle des pommiers du pays. Il y a d'ailleurs une assez grande différence entre le climat de la Normandie et le nôtre. Nous nous trouvons à la partie occidentale du plateau des Ardennes, à une altitude de 200 mètres ; le sol est argileux et le sous-sol presque imperméable ; c'est plutôt le climat vosgien que le climat séquanien que nous avons. Je crois que les variétés s'acclimateront peu à peu, et que les plus vigoureuses d'entre elles finiront par donner de bons résultats. La plupart des variétés ont donné des fruits déjà, quelques-uns même en abondance. »

Variétés	Vigueur	Etat des arbres
Fréquin Lacaille.....	moyenne.........	sain.
Rossignol............	assez vigoureux...	—
Binet rouge.........	—	—
Bénard.............	moyenne.........	quelques chancres.
Jaunet pointu.......	assez vigoureux...	sain.
Saint-Laurent........	moyenne.........	—
Mˡˡᵉ Virgin. Lacassaigne	vigoureux........	—
Galopin.............	—	—
Rosine..............	faible...........	chancreux.
Bramtot	assez vigoureux..	sain.
Grise Dieppois.......	très faible	chancreux.
Bédan..............	assez vigoureux..	sain.
Amer doux..........	très vigoureux....	—
Railé Varin	assez vigoureux..	—
Marabot	faible...........	—
Médaille d'Or.......	moyenne.........	—
Petit Muscadet......	—	—
Gros Muscadet.......	vigoureux	—
Petite Amère........	—	—
Rouge Avenel	assez vigoureux...	—

M. Germain, à Origny-en-Thiérache : « J'ai l'honneur de vous informer que vos greffes sont vigoureuses. »

M. Lemont, à Effry : « Les arbres pourvus des greffes que j'ai reçues de la Société de Rouen, quoique plantés dans un terrain de médiocre qualité, se comportent très bien au point de vue de la rusticité ; ils sont d'une vigueur moyenne au sujet de ce terrain. *Trois de ces arbres m'ont donné des fruits* : de Boutteville, *très fertile, très sucré* ; Michelin, *id., id.* ; Marie Legrand, *fruit par trop petit, une véritable noisette.* »

Ardennes. — M. A. Turquin, à Murgy, commune du Val-Saint-Remy, donne les renseignements suivants sur sept variétés qu'il a greffées :

« Amère de Berthecourt, arbre d'une grande vigueur et très rustique ; Godard, très vigoureux, rustique ; Muscadet, très vigoureux, rustique ; Amer doux, très sain, très vigoureux, pousse très bien, même en terrain humide ; Argile rouge, sain, vigoureux ; Furcy Lacaille, rustique, pousse moyennement ; Fréquin Lacaille, pousse très moyennement. » L'Amère de Berthecourt et le Godard ont eu des fruits dès la cinquième année de greffe, les autres pas encore. Toutes ces variétés ont été greffées en pied.

M. Ch. Périn, instituteur à Marlemont : « Médaille d'Or, très fertile ; en 1894, a été si chargée, qu'une des branches principales s'est brisée ; en 1895, bonne récolte moyenne ; en 1896, aussi chargée qu'en 1894 ; on a dû l'étançonner. Je crois devoir ajouter qu'un des défauts de l'arbre, le principal, peut-être, à mon avis, provient de ce que son bois est trop faible pour supporter la charge des fruits, ce qui l'expose à avoir les branches brisées. — Voici ce que je pense de la Médaille d'Or dans nos pays : Vigueur, très bonne ; fertilité, extra ; mise à fruit, rapide ; arbre bien sain. — 10 mai 1896, une ou deux fleurs ouvertes ; 20 mai, pleine floraison ; 28 mai, à peu près complètement défleuri.

» Les variétés Bramtot, Petit Muscadet, Martin Fessard Amère de Berthecourt, Rouge Avenel, Pomme à tanin, Boisfré mont, ont poussé convenablement. Le Petit Muscadet, bien que fleurissant un peu tôt pour nos pays, a donné des pommes quand la plupart des autres variétés n'en donnaient pas. Les autres donnent à peu près comme les variétés des Ardennes ; mais, comme j'avais posé la plupart de mes greffes sur des sujets peu convenables et de vigueur inégale, mes observations seraient sujettes à caution. J'ai multiplié partout la Médaille d'Or et je l'ai répandue dans les environs. »

M. Bailly (Roland), à Juniville : « Les arbres sur lesquels j'ai placé les greffes que vous m'avez envoyées en 1890 et 1891, se sont jusqu'aujourd'hui très bien portés. Comme j'ai opéré sur de très petits sujets, ils n'ont pas encore un grand développement, mais ils promettent de la vigueur et de la rusticité. »

Aube. — M. Bruley (Eugène), à Trancault : « Il y a quelques années, j'ai reçu quatre variétés qui sont : Binet rouge, de Boutteville, Bédan et A-Tanin, elles sont toutes bien portantes et vigoureuses. J'ai remarqué que la variété Bédan était encore plus vigoureuse que les autres. Je n'ai pas encore récolté de fruits. J'ai reçu l'année dernière neuf autres variétés ; les greffes sont toutes reprises et vigoureuses. »

M. M. Barost, à Puits-Froux, déclare que les sujets greffés de nos variétés sont d'une beauté exceptionnelle.

Calvados. — M. E. Pagny a greffé en 1888 ; il nous envoie ces renseignements qu'il a pris en partie auprès de ses fermiers.

« Railé Varin, arbre vigoureux, a bien prospéré ; beaucoup de pommes l'an dernier, rien cette année.

» Blanc Mollet : moins vigoureux que le précédent, sujet aux chapeleuses et à l'anthonome.

» Gros Fréquin : vigoureux, rapporte souvent, beau pommier.

» Saint-Laurent : sujet aux chapeleuses et à l'anthonome, pousse passablement, a peu rapporté jusqu'à ce jour.

» Petite amère : peu vigoureux, souvent mangé par les chapeleuses, rapporte peu ; la tête des pommiers mal formée, quoique montante.

» Amère de Berthecourt : beau pommier, un peu attaqué par les chapeleuses.

» Petit Muscadet : vigoureux, rapporte bien et souvent.

» Godard : très vigoureux, bois gros et solide, n'a encore que peu rapporté, mais j'espère qu'il *s'affruitera* bien quand il sera vieux ; les pommes en sont belles.

» Binet rouge : très bonne espèce, beau pommier, vigoureux, résistant, rapporte beaucoup et souvent ; à propager.

» Marabot : pas vigoureux, sujet au blanc, au puceron lanigère, aux chenilles, rapporte peu, finira peut-être par *s'affruiter*.

» Bramtot : beau pommier, rapporte bien, presque tous les ans, vigoureux et rustique ; à propager.

» Martin Fessard : vigoureux, rustique, réfractaire aux chenilles, beaucoup de pommes en 1895. »

M. Durand, à Bonneville-la-Louvet, est peu favorable à nos pommes. « L'espèce qui me paraît la plus pratique et à peu près la seule dans notre contrée, est le Bramtot. Il y a encore l'Amère de Berthecourt, dont pourtant je ne puis rien dire, n'en possédant des greffes que depuis deux ans. La Médaille d'Or est bonne comme pomme, mais comme arbre ne prend pas assez d'extension.

» Quant aux autres espèces, Muscadet petit et gros, Godard, Fréquin, Audièvre, Barbarie, Doux Véret, Binet rouge, Jaunet pointu, Rouge Bruyère, de Boutteville, Grise Dieppois, rien que la seule inspection de l'arbre suffirait pour les faire rejeter chez nous. Elles ne peuvent certainement pas, dans nos terrains, soutenir la comparaison avec le Joli et même le Bédan. Il y a encore le gros Fréquin et la pomme à Tanin, qui pourraient réussir peut-être dans quelques-uns de nos terrains. »

Il y a peut-être là une condamnation un peu hâtive.

M. de Postel, château de Louvigny, par Dort, n'a vu les variétés, dont nous avons fourni les greffes, réussir ni chez lui ni dans les environs.

Enfin, il y a, paraît-il, dans le Calvados, des pépiniéristes peu soucieux de connaître la valeur des arbres qu'ils vendent, car je reçois de l'un d'eux, que je ne nommerai pas, la lettre suivante : « Je regrette de ne pouvoir vous donner les renseignements que vous me demandez au sujet des pommiers à cidre. J'ai beaucoup multiplié par la greffe sur racines les espèces que vous m'avez envoyées, au point de vue de la vente des jeunes sujets ; les pieds-mères sont tondus tous les ans et les plants vendus au fur et à mesure.

» Je n'ai pas eu à ma disposition le temps nécessaire pour en faire une étude comparée. »

Charente-Inférieure. — M. Rougé, aux Pellissons : « Les arbres pourvus de greffes fournies par la Société centrale d'Horticulture se comportent très bien dans le terrain siliceux-calcaire où je les ai plantés. Ils sont d'une vigueur exceptionnelle et sont pourvus d'une grande abondance de beaux fruits. »

Creuse. — M. Alphonse Peyrot, à Boussac, a greffé en tête sur des sauvageons dix-sept de nos variétés : « Toutes ont admirablement réussi .. Etonnés de la vigueur exceptionnelle de ces pommiers, bon nombre de parents, amis et voisins m'ont demandé des greffes que je leur ai données abondamment... Ma propriété est située sur un terrain d'argile pure, de couleur jaune plutôt que rousse, mais tenant des deux nuances. »

M. François Mazet, à Guinebaudrix : « Les arbres pourvus des greffes que vous m'avez envoyés, en 1888 et en 1890, se comportent admirablement sous tous les rapports, surtout ceux qui ont été plantés dans un terrain frais, d'une nature légèrement humide. Plusieurs déjà m'ont donné des fruits ; cette année, ils en sont chargés, ils font plaisir à voir ; je crois qu'ils seront très fertiles et qu'ils réussiront dans nos pays. »

M. Couturier, aux Valettes de Saunat, a greffé sucessivement environ 300 sujets obtenus de semis de pepins de pommes sauvages. « Mes pommiers, dit-il, plantés dans de bonnes conditions et dans un terrain à sous-sol profond et perméable, ont poussé vigoureusement. Toutes les variétés ont à peu près la même force et la même vigueur et commencent à me donner déjà passablement de pommes, dont j'ai pu faire du cidre, qui est excellent.

» Le pommier à cidre est appelé à rendre de grands services dans notre pays. »

Doubs. — M. Savonet, maire de Silley, déclare que « ses sujets ont un développement d'arbres magnifiques. J'ai une greffe de quatre ans avec quatre branches à la charpente de l'arbre qui ont chacune un développement de 3 ^{m} 50 de longueur. J'ai déjà recueilli des fruits de chaque espèce, mais en petite quantité. Le cidre que j'en ai obtenu a été excellent et d'une très grande supériorité sur celui que donnent les fruits du pays. » Cette année les arbres ont conservé beaucoup plus de fruits que les variétés du pays, ce qui peut être attribué à leur vigueur et à leur rusticité.

M. Millerand, à Venise, a obtenu des résultats très satisfaisants. Les arbres greffés de nos variétés ont poussé avec une vigueur que n'atteignent pas les anciens pommiers indigènes acclimatés au pays.

DROME. — M. Emile Taché, à Pruinas, augure tout à fait bien de ses arbres.

EURE. — M. Morin, président de la Société d'Horticulture des Andelys, nous adresse ces renseignements sur quatre des variétés que nous lui avions envoyées : « Fréquin Audièvre, quatre ans de greffe, pousse vigoureusement, quelques fruits ; Blanc Mollet, quatre ans de greffe, peu vigoureux, a poussé des branches tombantes aujourd'hui ; est couvert de fruits ; de Boutteville, beaucoup de fruits, vigoureux ; Michelin, quatre ans de greffe, très vigoureux, quelques fruits. »

M. Saint-Denis, instituteur à Gaillardbois, envoie ses appréciations sur les cinq fruits suivants :

« Médaille d'Or. — Bel arbre à branches redressées, très vigoureux, très fertile et rustique. Sa floraison est très tardive et ses fruits mûrissent fin octobre. D'une production abondante ; le fruit est amer-doux, parfumé et très sucré ; c'est une de nos meilleures espèces.

» Ecarlatine. — C'est aussi un arbre vigoureux, très fertile et rustique qui fleurit en mai ; ses branches sont horizontales. Les fruits sont gros et mûrissent à la même époque que les précédents ; ils sont amer-doux.

» Bramtot. — Cet arbre est d'une vigueur exceptionnelle ; ses branches poussent dans le sens horizontal ; il est fertile et rustique. Il fleurit vers la mi-mai et ses fruits très gros sont doux, légèrement amers et parfumés.

» Moulin à Vent. — Bel arbre à branches redressées, très

vigoureux, rustique et très fertile ; récolte tous les deux ans. Son fruit, de moyenne grosseur, est doux et parfumé.

» Pomme Petit. — Forme aussi un bel arbre, pousse buissonneux, vigoureux et rustique, quoique d'une végétation un peu plus lente que les précédents. Il est très fertile, très rustique et donne avec abondance un très petit fruit excessivement dur, se conservant très longtemps. C'est assurément un des plus tardif, aussi est-il très adhérent. Son fruit est amer-doux ; il donne un jus riche fort chargé en couleur. »

M. Lambert (Etienne), à Gisors : « Les variétés énumérées ne viennent pas toutes de la Seine-Inférieure ; la Société de Beauvais et surtout la Société pomologique de France m'en ont procuré une bonne part (1). Cette nomenclature est divisée, comme vous pouvez le voir, en deux parties : les greffes en plaine et les greffes en pépinière. Les greffes en plaine sont faites à 2 mètres environ de hauteur sur tiges ou sur branches. Celles en pépinières sont à même hauteur, à cheval ou en fente, sur une coupe de 0m01 à 0m02. »

(1) Nous reproduisons ici tous les renseignements que M. Lambert nous envoie, même quand il s'agit de greffes qui ne viennent pas de notre Société. Il y a là des études consciencieuses utiles à connaître.

Pommiers greffés en plaine dans le courant de mars sur sujets bien repris ayant à hauteur de greffe un diamètre de 0m03 en fente sur la tige ou la plupart sur branches de 0m02 de diamètre. Sol argilo-calcaire, épaisseur moyenne 0m60; sous-sol, craie :

Espèces	Vigueur	Port	Floraison	Observations
Faux Caillouel ou Osmont.	moyenne	incliné	9 avril	paraît très fertile.
Terrier gris	forte	peu régulier, peu ramifié	15 —	—
Railé Varin	moyenne	légèrement incliné	15 —	fertilité.
Poilly	—	—	20 —	
Gros Muscadet	forte	bois gros légèrement inclin.	20 —	
Saint-Nicolas	moyenne	—		semble fertile
Jaunet pointu	—		20 —	— hâtif.
Bonne amère	bonne	droit	25 —	
Blanc mollet	moyenne	moyen	30 —	Société de l'Oise, hâtif.
Groseillier	—	élevé	30 —	semble fertile, fruits en grappes, rosés.
Rouge bruyère de Gournay	forte	gros bois vertical	30 —	très en renom en Bray.
Jaunet de Gournay	bonne	droit	25 —	
Amère de Berthecourt	—	horizontal	15 —	
Reine des hâtives	vigoureux	moyen	30 —	hâtif.
Argueil, p. de pays	—	horizontal	5 mai	très cultivé en cette contrée, amère, matur. nov.
Marabot	assez bonne	—	10 —	paraît très fertile.
Delaplace	bonne	moyen	10 —	paraît fertile, fruit jaune rougeâtre.
Peau de Vache musquée	forte	bel aspect port moyen	1er mai	
Galopin	bonne	élevé	5 —	
Bénard de Gournay	—	droit	1er —	
Rouget	—	—	1er —	feuillage foncé, cotonneux.
Médaille d'Or	—	élevé	20 —	très amère, très riche en sucre dénommée très fertile, et par suite semble peu rustique, peu jûteuse ; ne pas l'employer seule.
Fréquin Lacaille	—	rigide beau port	20 —	
Amer doux	—		5 —	
Amer doux gris	forte	élevé	20 —	
Petite amère	—	droit peu ramifié		
Petit	moyenne	étalé		
Argile	—	moyen		
Moulin à Vent	bonne	élevé		paraît fertile.
Bédan blanc	moyenne	branches pendantes		fertile, pommes jaunâtres piquées de rouge, excellent cidre ; très cultivé ici.
Bois Frémont	forte	élevé		paraît fertile.
Côte du Coudray	moyenne	—		
Marin-Onfray	bonne	montant		
Sèche	—	—		
Néhou	—	moyen	25 avril	hâtif.
des Bénard du Coudray	vigoureux	beau port	1er mai	(Société de l'Oise).

Pommiers greffés en pépinières (les détails sur les var. ci-dessus ne sont pas répétés). Sol de jardin très profond.

Espèces	Vigueur	Port	Greffes	Observations
P. Godard	bonne	incliné	écusson en pied	belle tige droite, fertile, parfum renommé.
Doux d'amaigri	paraît faible		à cheval	à 2 mètres de haut sur sujets faibles.
Vagnon Aubert	—		—	—
Rousse de l'Orne	—		—	—
Rousse Latour	bonne	élevé	suj. gros 0.01 c	et en fente sujet gros de 0m015 à 0m02.
Reine du Cidre	grande	très incliné	fente	beaux sujets gros de 0m015 à 0m02
Vimont	—	un peu incliné	à cheval	comme ci-dessus à 2 mètres de haut. environ.
Doux Gélin	tr. vigour.	vertical gros bois à moëlle	en fente et à ch.	
Jouveaux	—	beau port	—	
Doux Courcier	bonne	droit	—	
Marc de Frireules	moyenne	très horizontal	—	
Bramtot	bonne	bonne tenue	—	
Amère Gautier	moyenne	incliné	—	fertile.
Jambe de lièvre	bonne	—	à cheval	
Dametot	moyenne	horizontal	en fente	
Meunier	bonne	incliné	en fente et à ch.	
Grise Dieppois	forte	beau port	—	
Doux Évêque	bonne	incliné	—	

M. Bourgeois, au Thil-en-Vexin : « Médaille d'Or, très vigoureuse et rustique, abondante récolte pour la grosseur du sujet. — Pomme Godard, rustique et vigoureuse. — Martin Fessard, greffes vigoureuses. — Boutteville (de), superbe pommage, arbre vigoureux et rustique. — Fréquin Audièvre, arbre très vigoureux et rustique. — Vice-Président Héron, arbre vigoureux et rustique. — Du Désert, peu vigoureux. — Faux Caillouel, s'annonçant bien. — Gros Fréquin, très vigoureux et rustique.

» J'ai procuré pas mal de greffes dans mon village et dans les environs ; mais les personnes qui les ont reçues n'ont pas conservé les étiquettes. »

M. E. Labbé, aux Andelys : « Les arbres destinés à recevoir vos greffes ont été plantés en 1887 en terrain argilo-calcaire, à sous-sol crayeux, au bas d'un coteau, à l'exposition ouest, en vallée un peu humide et exposée aux brouillards et aux gelées printanières. D'autres sujets, plantés dans le même terrain depuis trente-cinq ans, ont une très belle végétation, mais n'ont donné jusqu'alors que quelques récoltes moyennes. Quelques-unes des variétés que vous m'avez procurées me font espérer un meilleur résultat.

» Voici les quelques observations que j'ai pu faire sur ces diverses variétés :

» Railé Varin, végétation faible, arbre chlorosé, sujet à remplacer.

» Amère de Berthecourt, végétation lente mais régulière.

» Médaille d'Or, croissance et fructification très rapides ; récolte quelques fruits dès la troisième feuille. Floraison très tardive, du 28 mai au 10 juin. Le fruit a malheureusement tendance à pourrir sur l'arbre. Le moût pesé plusieurs fois a donné des densités variant de 1078 à 1085.

» Marabot, végétation moyenne, fructification abondante et rapide ; densité obtenue, 1072.

» Binet rouge, arbre de végétation vigoureuse, branchage élevé, fructification lente. Les arbres pourvus de dards très nombreux semblent devoir se mettre bientôt à fruit.

» Binet gris, même observation que pour le précédent.

» Godard, végétation vigoureuse, arbre de belle forme arrondie.

» Rouge Avenel, arbre fertile mais de végétation faible ; la fertilité des premières années paraît l'avoir épuisé ; tendance à la chlorose.

» Blanc Mollet, végétation vigoureuse, arbre de belle tenue, fertile.

» Martin Fessart, même tenue que le précédent.

» Petite Amère, idem.

» Saint-Laurent, végétation faible, arbre chlorosé, à remplacer.

» A-Tanin, belle végétation, fructification lente ; le bois n'a que très peu de dards fructifères ; l'arbre porte cependant quelques fruits cette année.

» Faux Caillouel, belle végétation, mais bois un peu fin ; promet de se mettre bientôt à fruit.

» Bramtot, vigoureux, belle tenue, fertile, recommandable sous tous les rapports.

» Douce Amère, végétation lente, arbre étalé, a jusqu'alors peu fructifié.

» Par ordre de mérite pour la végétation et la forme de l'arbre, je les classerai ainsi : Bramtot, Binet rouge et gris, Médaille d'Or, Godard, Blanc Mollet, Martin Fessard, Petite Amère, Marabot, A-Tanin, Faux Caillouel, Amère de Berthecourt, Douce Amère ; les Railé Varin, Saint-Laurent et Rouge

Avenel, qui ont une tendance marquée à la chlorose, ont dû être rejetés] lors des greffages ultérieurs. Aucun sujet n'a paru souffrir du froid.

» Quelques variétés locales, Amer doux, Marin Onfray, Gallot, Rouge Bruyère donnent d'excellents résultats. »

M. Mairet, conseiller à la Cour d'appel de Rouen, nous écrit : « Les greffes qui ont été adaptées :

» 1° A des sujets valides, plantés dans un terrain favorable ;

» 2° A des sujets concordants, au point de vue de la précocité ou de la tardivité ;

» 3° Par un temps convenable et avec les soins nécessaires (conditions difficilement réalisables dans la partie du canton de Lyons où l'opération a eu lieu) ;

» Ont pleinement réussi et fourni des pousses d'une étonnante vigueur, principalement les pommes Bramtot et les pommes Petit. »

M. Duclos, à Aubevoye, président de la Société d'Horticulture de Gaillon, a greffé sur des sujets venus d'Orléans, plantés en pépinière dans un terrain non préparé à l'avance. Toutes les variétés, environ quarante, ont très bien réussi ; un certain nombre de sujets sont bons à transplanter et mettre en place ; ce sont de beaux arbres, à peau claire, vigoureux, et qui paraissent rustiques, tous étiquetés avec soin.

M. Letailleur (Victor), à Hauville, se plaint que le Railé Varin et surtout le Rouge Avenel ne font pas bien ; mais « peut-être, ajoute-t-il, est-ce parce que ce dernier a été greffé en pied au lieu d'être greffé en tête. »

M. J. Margry, instituteur à Saint-Denis-des-Monts, est « on ne peut plus satisfait » de nos greffes. « Je les ai appliquées, dit-il, sur de jeunes pommiers en pépinière (greffées en pied). Elles ont produit des arbres très vigoureux : j'ai obtenu en une année des pousses très droites atteignant et dépassant même 1ᵐ60 de hauteur, et d'une grosseur proportionnée à la hauteur. Indépendamment de la vigueur, ces arbres paraissent jouir d'une grande rusticité. Quelques-uns d'entre eux ont été transplantés l'hiver dernier ; malgré la grande sécheresse qui a sévi cette année, ils sont très vigoureux et ne paraissent nullement souffrir. »

Les variétés Michelin et Marabot ont déjà fructifié.

EURE-ET-LOIR.— M. Renault Guichard, à Villiers-le-Morhier : « Les greffes que vous m'avez envoyées ont produit de bons résultats. J'en ai été très satisfait... Tous les arbres sont vigoureux. Je puis vous citer les plus vivaces : Peau de Vache nouvelle, Rouge Bruyère, Bramtot, Faux Caillouel, de Boutteville, Petit Muscadet, Fréquin Audièvre. Il n'y a que la Reine des Hâtives qui a plus mal fait, ayant été atteinte d'un coup de soleil qui a brûlé un côté, malgré l'enveloppe de paille qui recouvrait ce pommier. Quant à la Médaille d'Or, cet arbre pousse moins, parce que chaque année il a trop de fruits.

» J'ajouterai que beaucoup de personnes de cette contrée sont venues chercher des greffes chaque année, ce qui fait que plus tard le but que la Société centrale d'Horticulture a cherché sera atteint ; cela produira l'amélioration attendue parmi les nouvelles plantations. »

M. A. Brosseron, secrétaire de la Société d'Horticulture d'Eure-et-Loir, a donné les greffes qu'il avait reçues à M. Foreau, maire de Lucé qui a greffé Bramtot, Médaille d'Or, Hauchecorne et Peau de Vache nouvelle : « Malgré la période de sécheresse que nous venons de voir, les arbres sont dans un état parfait de végétation et promettent les plus belles espérances... Les arbres sont complantés dans un sol un peu sableux avec sous-sol argileux. »

Finistère. — M. Louis Mérout, à Bizec-en-Argol, dit que les variétés tardives qu'il a reçues de nous font beaucoup de bois, mais n'ont pas donné jusqu'ici beaucoup de pommes.

M. François Tanquel, à Plouigneau : « Parmi les greffes que vous avez eu la bonté de m'envoyer, il y a plusieurs espèces qui ont très bien réussi, comme le Gros et le Petit Muscadet, le Binet blanc, le Godard et le Bramtot. L'Amère de Berthecourt chancre. »

Haute-Marne. — M. Paul Lereuil, à Châteauvillain, possède les variétés Amère de Berthecourt, Or Milcent, Delaplace, Bramtot, Barbarie, Martin Fessard, Doux Evêque, Galopin, Médaille d'Or ; elles sont d'une vigueur exceptionnelle.

M. Octave Tapré, à Mertrud : « Les greffes à cidre de votre provenance sont très belles et, quoique bien jeunes, ont déjà rapporté ; elles se mettent même à fruit tous les ans... On peut compter par centaines les arbres greffés de vos variétés depuis l'époque de votre envoi. »

Haute-Saone. — M. Pache (Jacques) a greffé Fréquin Lacaille, A-Tanin, Fréquin Audièvre, Mlle Virginie Lacassaigne, Bramtot, Boutteville (de), Marabot, Peau de Vache musquée, Martin Fessard, Furcy Lacaille. Les étiquettes ont été enlevées; il ne peut maintenant reconnaître les variétés. Elles ont été greffées sur des sauvageons arrachés dans la forêt et replantés dans les champs en terrain calcaire. Les jeunes arbres sont très beaux et très vigoureux. « Presque tous les arbres sont malades dans le pays ; au printemps ils étaient chargés de fleurs qui sont toutes tombées et les feuilles aussi. On aurait dit qu'ils étaient secs, mais maintenant ils commencent à repousser, et ce sont justement ceux dont vous nous avez envoyé les greffes qui ont été les moins malades. »

M. A. Mougenot, à la Montagne-de-Ternuay, a eu ses « superbes greffes » brisées presque en totalité par un orage accompagné d'un vent très violent. Il lui reste deux variétés, Gros Muscadet et Amère de Berthecourt ; ces arbres sont très vigoureux et ont porté déjà de beaux et bons fruits.

M. Ligney, à Thiénans, est très content des greffes que nous lui avons envoyées ; il en a donné à des voisins, et, quelque soit le terrain où ils sont plantés, les arbres se portent à merveille. Il y a deux ans, il y avait déjà des fruits et de beaux.

M. Verpillot, instituteur à Frédéric-Fontaine, envoie des renseignements sur les greffes fournies à son prédécesseur : « Placées sur des sauvageons arrachés dans la forêt, plantés eux-mêmes dans un terrain argilo-siliceux très médiocre, lesdites greffes n'ont réussi que sur une dizaine de sujets. Actuellement, et depuis sept ans, le terrain est en friche, les troncs crevassés et garnis de gourmands ; néanmoins, les greffes sont d'une belle vigueur, quoique rongées de chenilles ; et je suis certain qu'avec quelques soins, malgré les mauvaises conditions où elles se trouvent, elles eussent donné des arbres vigoureux, parfaitement adaptés au climat relativement froid de la localité. » M. Verpillot se propose d'expérimenter ces greffes dans un terrain à lui appartenant.

M. Modeste Retour, à Anjeux : « Toutes les greffes ont parfaitement réussi ; elles poussent très bien et sont déjà très fortes. »

M. Doizelet, à Ambrévillers : « Les greffes ont assez bien repris ; les arbres sont beaux, sauf quelques espèces qui font de petites pousses. Les arbres au lieu d'être élancés, comme la plupart de ceux de chez nous, sont *ratroupés*, et les branches poussent un peu épaisses… Les fruits sont beaux et promettent bien. »

M. Olivier (Honoré), à Semmadon : Les greffes que vous avez eu la bonté de m'envoyer ont très bien réussi, tant pour la reprise que pour la vigueur ; surtout dans un terrain à sous-sol humide, comme celui où j'ai fait ma plantation. Des arbres achetés et greffés ont été plantés la même année ; ils sont loin d'être ausi beaux que les miens. Mes arbres sont aujourd'hui très vigoureux et mesurent de cinq à six centimètres de diamètre. »

HAUTE-VIENNE. — M. Charles Mayrat, jardinier en chef de la Ferme-Ecole de Chavaignac, apprécie, comme suit, la vigueur des variétés qu'il a reçues de notre Société :

« *Très vigoureuses* : Barbarie, Terrier gris, Gros Muscadet, Gros Fréquin, Fréquin de Chartres, Néhou, Rouge Bruyère, Grise Dieppois.

» *Vigoureuses* : Amère de Berthecourt, Martin Fessard, Saint-Laurent, Jaunet pointu, Petit Muscadet, Rouget, Boisfrémont, Faux Caillouel, Fréquin rouge, de Boutteville, Blanc Mollet, Constant Lesueur, Doux Amer.

» *Assez vigoureuses* : Gallot, Reine des hâtives, Bramtot, Bédan, Fréquin Audièvre, Bédan des Parts, Argile, Secrétaire Pinel, Fréquin Lajoie, Peau de Vache, Vice-Président Héron, Binet rouge, Binet gris, Bénard, Marabot, Marin Onfray.

» *Faible vigueur* : A-Tanin, Petite Amère, Ecarlatine, Moulin à Vent, Binet blanc, Bisquette, Galopin, Mlle Virginie Lacassaigne, Bonne, Ambrette, Godard, Hauchecorne, Médaille d'Or.

» *Très faible vigueur* : Peau de Vache nouvelle, Fréquin Lacaille. Quant à la rusticité, il m'est difficile encore de me prononcer d'une façon bien précise ; toutes ces variétés, ou du moins la plupart, paraissent devoir donner de bons résultats dans la région. »

ILLE-ET-VILAINE. — Bien que les observations que nous a envoyées M. Gougeon de la Thébaudière s'appliquent plus encore aux variétés fournies par MM. Hauchecorne, Legrand et Power qu'à celles qui proviennent de la Société, comme il s'agit de variétés de la Seine-Inférieure qui sont au nombre de celles que nous distribuons, nous publions ici tous les renseignements qu'il a bien voulu nous transmettre.

« Renseignements donnés par M. Gougeon de la Thébaudière sur diverses variétés de fruits de pressoir de la Seine-Inférieure cultivées par lui au Bois-Jarry, commune d'Erbrée, canton Est de Vitré (Ille-et-Vilaine).

» NOTA. — Toutes ces variétés, greffées en fente et en tête, sont, sauf indication contraire, complantées en sol argilo-siliceux.

» La propriété formant une croupe de 103 mètres environ d'altitude, présente un versant midi assez incliné et un versant sud-ouest très accentué.

» Sur le plateau, terre légère profonde ; sur les versants, sous-sol caillouteux.

» Le domaine est divisé en parcelles de 2 à 3 hectares, abritées par des bois de haute futaie formant un rideau ininterrompu.

» Ambrette (provenance, M. Power). — Greffage de 1892, arbre rustique et vigoureux. A étudier.

» Amère de Berthecourt (prov., M. Power). — Greffage de

1890. Arbre très rustique, très vigoureux et très fertile, grande précocité à la mise à fruits, plusieurs fructifications, excellente variété qui se propage rapidement.

» Argile grise (prov., M. Hauchecorne). — Greffage de 1886. Arbre rustique et vigoureux, mais stérile dans les sols médiocres.

» Bédan des Parts (prov., M. Hauchecorne). — Greffage de 1886. Arbre rustique et vigoureux, peu fertile dans les sols de médiocre qualité.

» Bénard (prov., Société centrale d'Horticulture de le Seine-Inférieure). — Greffage de 1889. Bonne fertilité, précocité à la mise à fruits. A étudier.

» Belle Cauchoise (prov., M. Legrand, à Yvetot). — Greffage de 1886. Arbre rustique, vigoureux et très fertile à cultiver en terres riches et substantielles.

» Binet gris Legrand (prov., M. Legrand à Yvetot). Greffage de 1886. Arbre très rustique, végétant vigoureusement dans les sols médiocres. Bonne fertilité.

» Analyse de Binet gris d'Erbrée, année 1891 ; densité 1060, sucre : 104 gr. 7, tanin : 4 gr. 93 (Station agronomique de Rennes. Analyse non publiée).

» Bisquette (prov., M. Power). — Greffage de 1890. Arbre rustique, très vigoureux et très fertile, grande précocité à la mise à fruit, plusieurs fructifications. A propager.

» Blanc Mollet (prov., M. Legrand, à Yvetot). — Greffage de 1886. Bonne vigueur, même en terrain de médiocre qualité, rusticité suffisante, arbre très fertile, précocité à la mise à fruit A propager.

» Analyse de Blanc Mollet d'Erbrée, année 1893 : D. 1068, S. 144 gr. 5, T. 5 gr. 20. (Jay, directeur du laboratoire de

Bercy. Voir le *Bulletin de l'Association Pomologique de l'Ouest*, année 1894, page 187).

» Bramtot (prov., M. Hauchecorne). — Greffage de 1885. Arbre très rustique, très vigoureux et très fertile, tous terrains, variété hors ligne. A propager sur une vaste échelle.

» Analyses de Bramtot d'Erbrée, année 1890 : D. 1081, S. 170 gr. 2, T. 3 gr. 06. (Station agronomique de Rennes, Voir le *Bulletin de l'Association pomologique de l'Ouest*, année 1891, page 182).

» Année 1893, 1er lot : D. 1109,8, S. 247, T. 9 gr. 20 ; 2ᵉ lot : D. 1104,6, S. 205, T. 7 gr. 92. (Jay, directeur du laboratoire de Bercy. Voir le *Bulletin de l'Association pomologique de l'Ouest*, année 1894, page 187, et numéro du journal *le Cidre* du 1er avril 1894).

» Boutteville (P. de) (prov., M. Legrand, à Yvetot). — Greffage de 1886. Pas de fructification, vigueur moyenne.

» Docteur Blanche (prov., M. Hauchecorne). — Greffage de 1886. Arbre très fertile, rapport pour ainsi dire annuel, grande précocité à la mise à fruit. Certains arbres sont vigoureux ou assez vigoureux, tandis que d'autres, par suite d'excès de production, laissent beaucoup à désirer. Fruit sujet à taveler.

» Analyse de Docteur Blanche d'Erbrée, année 1893 : D. 1071, S. 154 gr., T. 4 gr. 62. (Jay, directeur du laboratoire de Bercy. Voir le *Bulletin de l'Association pomologique de l'Ouest*, année 1894, page 187).

» Doux Evêque (prov., M. Legrand, à Yvetot). — Greffage de 1886. Arbre fertile, assez vigoureux, peu rustique, variété usée.

» Domaines (prov., M. Després, à la Guerche de Bretagne). — Greffage de 1890. Arbre rustique, vigoureux et fertile.

» Fréquin Audièvre (prov., M. Hauchecorne). — Greffage de

1885. Arbre rustique, vigoureux et fertile, plusieurs fructifications. A propager.

» Analyse de Fréquin Audièvre d'Erbrée, année 1893 : D. 1074,2, S. 153, T. 5 gr. 05. (Voir le *Bulletin de l'Association pomologique de l'Ouest*, année 1894, page 187. Jay, directeur du laboratoire de Bercy).

» Fréquin Lacaille (prov., M. Lacaille à Frichemesnil). — Greffage de 1890, terre franche. Arbre rustique, vigoureux et fertile.

» Fréquin rouge (prov., M. Hauchecorne). — Greffage de 1885. Variété bien fertile dont la rusticité et la vigueur laissent plus qu'à désirer. A éliminer. Un seul résultat satisfaisant en terre franche et à l'exposition Est.

» Analyse de Fréquin rouge d'Erbrée, année 1893 : D. 1075, S. 146 gr., T. 5 gr. 94. (Jay, directeur du laboratoire de Bercy. Voir le *Bulletin de l'Association pomologique de l'Ouest*, année 1894, page 187).

» Godard (prov., Société centrale d'Horticulture de la Seine-Inférieure). — Greffage de 1889. Arbre très fertile, rustique et vigoureux, plusieurs fructifications.

» Galopin (prov., M. Hauchecorne). — Greffage de 1890. Arbre rustique et vigoureux. A étudier.

» Grise Dieppois (prov., M. Hauchecorne). — Greffage de 1886. Arbre assez rustique et vigoureux, peu fertile dans les sols médiocres.

» Gros Fréquin (prov., Société centrale d'Horticulture de la Seine-Inférieure). — Greffage de 1889. Arbre très rustique et très vigoureux, plusieurs fructifications, variété fertile ou du moins assez fertile. A cultiver.

» Gros Muscadet (prov., M. Hauchecorne). — Greffage de

1887. Variété rustique, très vigoureuse et très fertile, réussissant bien dans les sols de médiocre qualité. A propager.

» Analyse de Gros Muscadet d'Erbrée, année 1890 : D. 1073, S. 156 gr. 6, T. 1 gr. 36. (Station agronomique de Rennes. Voir le *Bulletin de l'Association pomologique de l'Ouest*, année 1891, page 182).

» Hauchecorne (prov., M. Legrand à Yvetot). — Greffage de 1886. Arbre sain, rustique et d'excellente vigueur, n'a pas encore donné de fruits.

» Jaunet de Gournay (prov., M. Legrand, à Yvetot). — Greffage de 1886. Arbre vigoureux et de bonne fertilité, plusieurs fructifications.

» Marabot (prov., M. Legrand, à Yvetot). — Greffage de 1886. Arbre rustique et vigoureux, plusieurs floraisons, pas de fructification par suite des intempéries ou des ravages de l'anthonome.

» Martin Fessard (prov., M. Legrand, à Yvetot). — Greffage de 1885. Arbre très fertile, rustique et vigoureux, tous terrains, conserve à Erbrée toutes ses qualités. A propager.

» Analyses de Martin Fessard d'Erbrée, année 1890 : D. 1080, S. 170,2, T. 3 gr. 58). (Station agronomique de Rennes. Voir le *Bulletin de l'Association pomologique de l'Ouest*, année 1891, page 182).

» Année 1893 : D. 1108, 2, S. 224 gr. 50, T. 8,25. (Jay, directeur du laboratoire de Bercy. Voir le *Bulletin de l'Association pomologique de l'Ouest*, année 1894, p. 187).

» Médaille d'Or (prov., M. Hauchecorne). — Greffage de 1885. Arbre rustique, d'une excessive fertilité et par suite seulement assez vigoureux ; excellente variété qui conserve à Erbrée toutes ses qualités.

» Analyses de Médaille d'Or, d'Erbrée, année 1891 : D. 1083,

S. 125,7, T. 14 gr. 91. (Station agronomique de Rennes. Cette analyse n'a pas été publiée); Année 1893 : 1er lot, D. 1102, S. 216,50, T. 10 gr. 50 ; 2e lot D. 1106,8, S. 214, T. 9 gr. 24. (Jay, directeur du laboratoire de Bercy. Voir le *Bulletin de l'Association pomologique*, année 1894, page 187 et numéro du journal *le Cidre* du 1er avril 1894).

» Michelin (prov., M. Legrand, à Yvetot). — Greffage de 1886. Arbre sain, vigoureux et fertile, plusieurs fructifications.

» Moulin à Vent (prov., M. Legrand, à Yvetot). — Greffage de 1890. En sols médiocres la vigueur laisse à désirer. A étudier.

» Peau de Vache nouvelle (prov., Société centrale d'Horticulture de la Seine-Inférieure). — Greffage de 1890. Arbre rustique et vigoureux, pas de fructification. A étudier.

» Petit (Pomme) (prov., M. Hauchecorne). — Greffage de 1886. Arbre sain, très rustique et excessivement vigoureux, même dans les sols inférieurs. La mise à fruit paraît tardive, une fructification.

» Petit Muscadet (prov., M. Lacaille). — Greffage de 1888. Arbre sain, rustique, très vigoureux et très fertile, tous terrains, précocité à la mise à fruit. A propager.

» Pomme de Cat (prov., Société centrale d'Horticulture de la Seine-Inférieure). — Greffage de 1889. Bonne vigueur, l'arbre n'a pas encore fructifié.

» Précoce-David (prov., M. Legrand, à Yvetot). — Greffage de 1886. Variété rustique, très vigoureuse et très fertile, précoce à la mise à fruit et végétant bien dans les terrains de médiocre qualité, une des meilleures espèces de première saison. A propager.

» En 1892, densité de 1080 obtenue à Erbrée.

» Railé Varin (prov., M. Legrand, à Yvetot).— Greffage de 1886. Arbre vigoureux, variété fertile.

» Reine des Hàtives (prov., Société centrale d'Horticulture de la Seine-Inférieure). — Greffage de 1889. Arbre vigoureux ou très vigoureux, n'ayant pas encore fructifié. A étudier.

» Rouge Avenel (prov., M. Hauchecorne). — Greffage de 1885. Arbre rustique, vigoureux et très fertile, tous terrains, excellente variété. A propager.

» Analyses de Rouge Avenel d'Erbrée, année 1892 : D. 1075; année 1893, D. 1075,8, S. 147,5, T. 4,95. (Jay, directeur du laboratoire de Bercy. Voir le *Bulletin de l'Association pomologique de l'Ouest*, année 1894, page 187).

» Rouge Bruyère d'Yvetot (prov., Société centrale d'Horticulture de la Seine-Inférieure). — Greffage de 1889. A l'étude.

» Rouge du Landel (prov., M. Hauchecorne). — Greffage de 1891. Fertile, rustique et vigoureux. A déjà donné quelques fruits.

» Rosine Legrand (prov., M. Hauchecorne). — Greffage de 1888. Nature du sol : terre franche ; arbre rustique, vigoureux et très fertile. Plusieurs fructifications.

» Analyse de Rosine d'Erbrée, année 1893 : D. 1073,2, S. 147,5, T. 4 g. 95, M. 7. (Jay, directeur du laboratoire de Bercy. Voir le *Bulletin de l'Association pomologique de l'Ouest*, année 1894, page 187).

» Rouget ou pomme à glanes (prov., Société centrale d'Horticulture de la Seine-Inférieure). — Greffage de 1889. Variété très fertile qui, après avoir beaucoup souffert des vers blancs, a repris avec vigueur. A étudier.

» Saint-Laurent (prov., M. Hauchecorne). — Greffage de 1885. Variété très fertile et précoce à la mise à fruits, mais manquant de vigueur. En sols riches et substantiels ne **végète** que passablement.

» Terrier gris (prov., M. Power). — Greffage de 1894. Arbre très rustique, excessivement vigoureux et très fertile, végète avec vigueur dans les terrains pauvres, précocité à la mise à fruits. A propager.

» Vagnon Legrand (prov., M. Legrand, à Yvetot). — Greffage de 1888. Variété vigoureuse et fertile, paraissant rustique.

» Vice-Président Héron (prov., M. Hauchecorne). — Greffage de 1885. Arbre vigoureux mais peu fertile. Une seule fructification depuis 1885.

» Poire de Souris (prov., M. Power). — Greffage de 1890. Arbre sain, très rustique, excessivement vigoureux et très fertile, précocité à la mise à fruits. Plusieurs fructifications, excellente variété, se propageant rapidement.

» Écarlatine (prov., Société centrale d'Horticulture de la Seine-Inférieure). — Greffage de 1889. La rusticité et la vigueur laissent à désirer. A étudier ».

Jura. — M. Brocard, à Courtefontaine : « Les greffes qui ont réussi sont très vigoureuses ; elles semblent très bien s'accommoder au pays, car elles sont d'une pousse extraordinaire ».

Loir-et-Cher. — M. Jules Cosson, à Fontenailles : « Les arbres pourvus de vos greffes, parmi lesquelles Médaille d'Or, Saint-Laurent, Rouge Avenel, se comportent bien dans ma contrée ; ils sont vigoureux et paraissent n'être pas sujets aux maladies, cancers, pucerons, et à une sorte de mildiou, semblable à celui de la vigne, qui fait beaucoup de mal cette année dans les pommiers du pays ».

Lot-et-Garonne. — M. Brassier, géomètre à Saint-Pastour, trouve que des pommiers ne poussent pas aussi vite que les variétés indigènes, mais il avoue qu'il n'a pas choisi la meilleure exposition et la meilleure terre, l'espace lui manquant.

MAYENNE. — M. G. Godeau, d'Ernée, nous a adressé la lettre suivante, qui mérite d'être reproduite toute entière : « Je vais vous renseigner sur les résultats que j'ai obtenus avec les greffons que vous avez eu l'obligeance de m'envoyer en 1888 :

» De 1885 à 1894, j'ai planté et greffé, sur quelques fermes que je possède près Ernée, environ 2,000 jeunes pommiers, dont 1,500 en variétés nouvelles, provenant presque toutes de votre collection, et 500 en variétés du pays, choisies dans celles très riches et donnant de très bon cidre.

» Je suis très satisfait de vos variétés qui, presque toutes, ont bien poussé et se montrent fertiles. Vous trouverez, d'autre part, une note vous donnant mon appréciation sur les arbres et fruits que j'ai obtenus de vos variétés.

» J'ai aussi des arbres greffés d'autres variétés de votre collection, qui ne m'ont point encore donné de fruits et sur lesquels je ne puis encore vous renseigner. En 1892, j'ai commencé à récolter quelques fruits de vos variétés : Argile, Doux Evêque, Écarlatine, Grise Dieppois, Fréquin rouge, Hardy, Rouge Bruyère et Saint-Laurent.

» J'ai adressé ces fruits à M. Truelle, et voici les résultats des analyses de ce chimiste :

Noms des variétés	Densités	Sucre total	Tanin
Argile grise............	1087	165 gr.	»
Doux Évêque...........	1071	168	2,479
Écarlatine...............	1086	182	1,848
Grise Dieppois..........	1122	220	3,012
Fréquin rouge..........	1067	134	8,800
Hardy.................	1119	233	0,408
Médaille d'Or..........	1094	179	21,428
Rouge Bruyère	1123	249	9,348
Saint-Laurent..........	1133	243	6,996

» Ce sont des résultats surprenants, mais il faut dire que les fruits de la récolte de 1892 étaient de qualité remarquable ; une de nos variétés du pays, le Mousset roux, donna encore un rendement supérieur : densité 1121, sucre 253 gr., tanin 5,280.

» En 1892, nous avons formé ici une Société pomologique et fait une exposition des fruits de notre contrée. Une Commission d'études dont je fais partie s'occupe de l'essai et du classement des fruits. C'est un très grand travail, car nous avons fait chaque année 4 à 500 essais de fruits. Nous avons classé nos fruits de pays par saisons et par espèces : douces, douces-amères et amères. Nous nous rendons compte de la densité des moûts, du rendement en c. c. de jus par kilog. de fruits, puis du goût, de la limpidité et de la couleur du jus, pour chaque variété. L'an dernier, pour avoir un résultat encore plus exact, nous avons repressé le marc une seconde fois, après l'avoir fait tremper.

» Dans notre contrée, il a été planté un grand nombre de pommiers depuis dix ans. Depuis quatre ans, M. du Marais et moi nous donnons chaque année à nos sociétaires de 4 à 5,000 greffons en variétés de choix et dont une grande partie sortait de votre collection. Vous voyez, Monsieur, quel grand service votre Société a rendu à notre contrée, ce que j'ai plaisir à constater et à vous dire ».

Voici la note dans laquelle M. Godeau donne son appréciation sur les arbres et fruits provenant de nos variétés.

Noms des Fruits.	Vigueur de l'arbre	Fertilité	Qualité du jus	Densité du mout
Amère de Berthecourt.	Bonne.	Bonne.	Bonne.	en 1893 : 1080 1894 : 1068 1895 : 1065
Argile grise..........	—	—	Extra.	1893 : 1080 1895 : 1074
Argile nouvelle.......	—	Faible.	Bonne.	1893 : 1082
Barbarie.	Très grande.	—	—	1893 : 1059
Bédan.............	Bonne.	Grande.	Très bonne.	1893 : 1076 1894 : 1072 1895 : 1068
Bédan des Parts......	—	Bonne.	Bonne.	1895 : 1075
Belle Cauchoise.......	—	—	—	1893 : 1081
Bergerie.............	Moyenne.	—	—	1895 : 1074
Blanc-Mollet..........	Bonne.	—	—	1893 : 1085 1894 : 1078 1895 : 1065
Bramtot..............	Très bonne.	—	Passable.	1893 : 1092
Domaines............	Moyenne.	—	Bonne.	1893 : 1092 1894 : 1063
Doux-Evêque.........	Bonne.	—	Très bonne.	1895 : 1072
Ecarlatine...........	Grande.	Très bonne.	—	1893 : 1075 1894 : 1065 1895 : 1071
Fréquin-Audièvre.....	Bonne.	Bonne.	—	1893 : 1082
Fréquin-Lacaille......	—	—	Bonne.	1895 : 1074
Fréquin rouge........	Faible.	Très bonne.	Extra.	1893 : 1076 1894 : 1074 1895 : 1079
Furcy Lacaille........	Moyenne.	Bonne.	Bonne.	1893 : 1080 1894 : 1067 1895 : 1074
Fréquin tardif........	Bonne.	—	Très bonne.	1894 : 1088 1895 : 1080
Hardy	Moyenne.	Moyenne.	Bonne.	1893 : 1077
Grise Dieppois........	Grande.	Tr. grande.	Excellente.	1893 : 1129 1894 : 1113 1895 : 1090
Martin Fessard.......	—	Bonne.	Bonne.	1893 : 1092
Médaille d'or.........	Bonne.	Très grande	Passable.	1893 : 1080 1894 : 1083 1895 : 1078
Michelin	—	Bonne.	Bonne.	1893 : 1072 1894 : 1073 1895 : 1071
Marabot	—	—	—	1893 : 1072
Muscadet	—	—	Très bonne.	1894 : 1070
Orpolin..............	—	—	Moyenne.	1893 : 1078
Marie Legrand.......	—	—	Bonne.	1893 : 1081
Président des Héberts.	Faible.	—	—	1893 : 1078
Rouge Avenel........	Bonne.	—	—	1893 : 1088 1894 : 1078 1895 : 1079
Rouge Bruyère.......	Moyenne.	Très bonne.	Très bonne.	1893 : 1088 1895 : 1072
Saint Laurent........	—	—	Extra.	

M. Gayet, à Sautorte, n'a pas obtenu de bons résultats. Il avait placé « les greffons sur pieds, en pépinière, en terre *grasse*, dont quelques sujets pour cette *cause*, à mon avis, dit-il, se trouvaient atteints de chancre. » Les arbres greffés sont devenus chancreux dans toutes leurs parties. « Plus tard, ajoute-t-il, j'ai enlevé des branches saines quelques greffes, qui, placées sur des arbres plantés en terrain maigre, ont donné d'assez beaux résultats, sans être atteintes du chancre; le pied lui-même restait bon. » L'essentiel, on le voit, est d'opérer dans de bonnes conditions.

M. Doisneau (Edouard), président du Comice agricole du canton de Craon : « J'ai l'honneur de vous annoncer que les greffes de fruits de pressoir que vous avez bien voulu m'adresser se sont bien acclimatées dans notre Craonnais. C'est le Bramtot qui surpasse en vivacité toutes les variétés. Cependant la Médaille d'Or se tient très vigoureuse. C'est elle qui nous a donné les premiers fruits l'an passé. »

MEURTHE-ET-MOSELLE. — M. Alfred Barnabé, à Thezey-Saint-Martin, a greffé les variétés Médaille d'Or, Argile, Fréquin rouge, Argile nouvelle, Groseillier, Godard, Ambrette, Rouge Avenel, Bédan, Marabot. « Tous ces arbres sont vigoureux et rustiques. Médaille d'Or et Ambrette dépassent les autres en beauté. Quant aux poiriers, la poire de Souris fait de beaux arbres ; la poire de Grise est un peu plus chétive.

» Une chose qui est digne de remarque, c'est que tous les poiriers et pommiers à cidre étant dans une pépinière de fruits à couteau, dont j'ai eu plus d'un quart d'arbres gelés dans l'hiver de 1895, aucun des arbres à cidre n'a été touché par la gelée, ce qui me fait espérer que ces arbres sont d'un grand avenir en Lorraine, d'où la vigne tend à disparaître ; mais il faudra du temps pour les faire adopter, à moins que l'on n'encourage les planteurs par quelques avantages. »

Nièvre. — M. Armand Millot, aux Harlots, commune de Boulay : « Les greffons qui m'ont été adressés ont été greffés sur des sujets provenant des bois, des sauvageons ; ils ont pris et poussé des pousses de près d'un mètre dans l'année. Depuis, ils ont conservé leur vigueur ; cette année seulement, ils ont souffert et ils souffrent encore d'une maladie commune aux pommiers de notre localité et que je pourrais comparer au mildiou des vignes ou grillure des feuilles.

» Les pommes Peau de Vache (1) et Amère de Berthecourt sont encore exemptes de cette maladie. Ces deux variétés ont toujours dépassé les autres en vigueur...

» Chaque année, je fais à tous ceux qui le désirent des distributions de greffons, et j'ai remarqué cette année que, dans certains terrains argilo-calcaires, les arbres provenant de ces greffons n'étaient pas attaqués des maladies que j'observe chez moi. Le sol sur lequel je cultive mes pommiers est un sol argilo-siliceux frais et meuble, mais où la chaux et le phosphate font défaut.

Nord. — M. Grimbel, à Gravelines : « Je m'occupe surtout de la culture potagère et des fruits de table, aussi c'est plutôt en amateur et pour connaître un peu les pommes à cidre que j'avais demandé des greffes. Je n'avais pas les sujets convenables et j'ai dû greffer en demi-tiges. Il m'est resté six variétés.

» Les arbres sont bien vigoureux, sains, rustiques et productifs. Je ne puis vous dire si la qualité des fruits est bonne, mais je le pense, parce que notre sol est sablonneux et que les pommes de table sont belles et bonnes. Je suis persuadé que, même

(1) Il s'agit ici de la Peau-de-Vache Legrand ou de la Peau de Vache nouvelle ; la Société ne distribue pas de greffes de l'ancienne.

ici, à une heure à peu près des bords de la mer, on pourrait avec succès cultiver le pommier à cidre. »

Oise. — M. Leclerc, à Bury : « Les greffes que vous m'avez expédiées, il y a quelques années, poussent très bien, quoique étant dans un terrain où le pommier pousse très difficilement ; dès la cinquième année bon rapport, tous les ans il y a des fruits. »

M. Serrin, maire de Neuilly-en-Thelle : « Les greffes que vous m'avez envoyées sont vigoureuses et d'un bois bien fourni. Je dois ajouter que j'ai déjà donné passablement de ces greffes, tout en conservant les principales pousses pour les former. »

M. Tipret-Derancourt, à Ponchon : « Je ne peux vous donner que de bons renseignements. Les greffes que j'ai placées sur de jeunes pommiers ont beaucoup plus de sève que les pommiers du pays et elles donnent plus de fruits et en belle qualité, surtout la Peau-de-Vache, le Fréquin rouge, la Médaille d'Or, la Belle Cauchoise, le Muscadet, le Moulin à vent. »

M. A. Bienaimé, instituteur, à Ménantissart : « Les arbres les plus beaux sont Médaille d'Or et Binet qui ont donné des fruits dès la quatrième année de greffe, il y a trois ans. Viennent ensuite, par ordre de vigueur : Petite Amère, Amer doux. Godard, Reine des Hâtives. Jaunet pointu, Gros Fréquin, Bédan, Fréquin rouge, Bramtot. Les premiers de ces arbres ont déjà une tête de deux à trois mètres de diamètre. J'estime qu'ils sont tous très rustiques et très vigoureux. S'il y a de la différence, cela tient à ce que les sujets qui portent les greffes étaient de force différente. »

M. S. Choquet, à Perquières : « Médaille d'Or, sujet vigoureux, greffe rustique, Godard, *idem* ; Amère de Berthecourt, *idem* ; A-Tanin, sujet assez vigoureux, greffe *idem*, mais plu-

sieurs sont devenues chancreuses ; Vice-Président Héron, sujet
et greffe rustiques et vigoureux ; Reine des Hâtives, sujet et
greffe médiocres; Binet gris, *idem*; Martin Fessard, sujet vigoureux, greffe rustique ; Fréquin rouge, *idem*; Jaunet pointu,
sujet vigoureux, greffe rustique.

ORNE. — M. de Fromont, à Alençon : « J'ai reçu des greffes
d'Amère de Berthecourt, de Bramtot et de Médaille d'Or. Ces
greffes ont servi à des égrins en pépinière à peine assez gros
pour les recevoir. Les sujets ont bien poussé et ont été plantés
depuis en plein champ avec d'autres arbres greffés, en pépinière
également, en variétés du pays.

» La reprise a été généralement très bonne, mais ces quatre
variétés poussent beaucoup moins vigoureusement que les variétés
locales. Le terrain est argileux, lourd, légèrement calcaire,
profond et peu perméable. Les arbres mettent généralement de
quinze à vingt ans avant de commencer à rapporter convenablement. Rien d'étonnant donc à cette végétation lente, mais qui
n'a pas permis de porter de fruits à ces arbres.

» Ces mêmes variétés greffées aux alentours dans des terrains
divers et plus « poussants » paraissent y donner des fruits de
bonne qualité. J'espère donc que mes arbres finiront par me donner des produits de qualité appréciable. »

M. É. Ragaine, à Tanville. Nous donnons, sans en rien suppri-
mer cette lettre riche en renseignements précis, émanant d'un
homme qui connaît à fond la question et qui sait observer.

Monsieur le Président,

Sur votre demande, j'ai l'honneur de vous adresser quelques notes
sur les arbres greffés avec les greffons que vous avez bien voulu m'envoyer en 1890. D'une manière générale, ces jeunes arbres sont très

beaux et très vigoureux, et j'espère que d'ici peu d'années ils formeront de très beaux pommiers.

Ces arbres sont tous situés dans un terrain très argileux, compact et humide, reposant sur le schiste, d'où le calcaire est absent.

Voici quelques détails propres à chaque variété :

Argile. — Deux arbres : 1er très vigoureux, très bonne végétation, tête aussi haute que large, claire; 2e vigoureux, très bonne végétation, branches horizontales, tête peu garnie.

Floraison : 1893, 20-28 avril, très rares fleurs. — 1894, 28 avril-16 mai, rares fleurs. — 1895, 13-26 mai, rares fleurs. — 1896, 15-25 mai, très rares fleurs, peu de force, a souffert de la gelée. N'a jamais rapporté de fruits.

Amère de Berthecourt. — Trois arbres, tous très vigoureux, très bonne végétation, tête garnie avec branches enchevêtrées, ronde ou plus large que haute.

Floraison : 1893, 10-22 avril, rares fleurs, rares fruits déformés et verts. — 1894, 13-30 avril, quelques fleurs, quelques fruits. — 1895, aucune fleur. — 1896, 30 avril-15 mai, fleurs 3 (1), a souffert de la gelée, tous chenillés, quelques anthonomes, aucun fruit.

Barbarie. — Un arbre, très vigoureux, très bonne végétation, tête élevée.

Floraison : 1894, 8-16 mai, fleurs, 0. — 1895, aucune. — 16-25 mai, fleurs, 1 ; a un peu souffert de la gelée, quelques chenilles et anthonomes, aucun fruit.

Binet gris. — Deux arbres, très vigoureux, très bonne végétation, branches horizontales, tête garnie, large.

Floraison : 1894, 4-18 mai, fleurs, 4, rares fruits. — 1895, fleurs, 0. — 1896, 17-27 mai, fleurs, 2, pas de force, fleurs très petites, quelques chenilles et anthonomes, aucun fruit.

Blanc-Mollet. — Deux arbres, 1er très vigoureux, très bonne végétation, tête plutôt élevée; 2e, vigoureux, bonne végétation, branches plus divergentes.

(1) J'indique la quantité de fleurs par une cote allant de 0 à 10.

Floraison : 1893, 10-23 avril, fleurs, 5, bonne récolte. D = 1065. — 1894, 28 avril-8 mai, fleurs, 4, quelques fruits. — 1895, 10-18 mai, fleurs, 3, quelques fruits. — 1896, 12-17 mai, fleurs, 1, pas de fruits.

Bramtot. — Sept arbres : quatre, très vigoureux; deux, vigoureux; un, peu vigoureux. — Quatre, très bonne végétation; un, bonne végétation; deux, assez bonne.

Analyse 1894 : D = 1065. — S = 150. — T = 2,47

Tous à branches montantes ou semi-verticales et tête garnie.

Floraison : 1893, 17-25 avril, rares fleurs chétives. — 1894, 28 avril-18 mai, fleurs, 1. — 1895, 10-17 mai, très rares fleurs. — 1896, 10-25 mai, fleurs, 1, floraison médiocre, a beaucoup souffert de la gelée et des insectes; très nombreuses feuilles rabougries.

Godard. — Deux arbres, vigoureux, bonne végétation, tête claire, branches montantes, présentent le plus faible développement.

Floraison : 1893, 18-27 avril, fleurs, 3, fruits presque tous véreux. D = 1076. — 1894, 28 avril-15 mai, fleurs, 2. — 1895, 10-23 mai, fleurs, 1, rares fruits. — 1896, aucune fleur.

Hauchecorne. — Très vigoureux, très bonne végétation, tête garnie. Quelques rares fleurs seulement en 1896 (17-25 mai), pas de fruits.

Marabot. — Cinq arbres, tous très vigoureux, très bonne végétation, tête garnie, arrondie, plus large que haute.

Analyses : 1894, D = 1075. — S = 167 g. — T = 2,88; — 1895, D = 1076. — S = 135 gr. — T = 1,90.

Floraison : 1893, 20-30 avril, fleurs, 1, fleurs assez chétives. — 1894, 8-20 mai, fleurs, 1, fleurs assez chétives. — 1895, 12-24 mai, fleurs, 1, quelques fruits. — 1896, 17-28 mai, fleurs, 3, très peu de force, pas de fruits.

Martin Fessard. — Trois arbres, deux très vigoureux, l'autre moins; branches montantes; deux, bonne végétation; l'autre médiocre.

Analyse 1895 : D = 1080. — S = 152. — T = 5,55

Floraison : 1893, 16-22 avril, fleurs, 1, beaux fruits. D. 1080. — 1894, 25 avril-10 mai, fleurs, 1. D = 1066. — 1895, 10-20 mai, rares fleurs et fruits. D = 1073. — 1896, 12-20 mai, fleurs, 1, floraison médiocre, souffert de la gelée et des insectes, feuilles complètement rabougries.

Médaille d'Or. — Quatre arbres, tous très vigoureux et très bonne végétation, branches semi-verticales, tête plus large que haute, assez peu garnie.

Analyses : 1894, $D = 1078$. — $S = 182$. — $T = 10,32$; — 1895, $D = 1089$. — $S = 158$. — $T = 8,40$.

Floraison : 1893, 23 avril-8 mai, rares fleurs, très beaux fruits. — 1894, 12-30 mai, fleurs, 2, nombreux fruits. — 1895, 15-31 mai, fleurs, 2, nombreux fruits. — 1896, 26 mai-10 juin, fleurs, 2, nombreux fruits.

S'est montrée jusque là très fertile sans que la vigueur en souffre.

Michelin. — Deux arbres, tous deux très vigoureux, tête élevée, très bonne végétation.

Floraison : 1893, 17-27 avril, fleurs, 1, fruits petits paraissant avoir souffert. — 1894, 24 avril-10 mai, fleurs, 2, quelques fruits. — 1895, 12-18 mai, fleurs, 2, les fleurs ont peu de force. — $D = 1066$. — 1896, 10-17 mai, fleurs, 5, souffert de la gelée, des chenilles et de l'anthonome ; pas de fruits.

Peau de vache musquée. — Quatre arbres, tous très bonne végétation, branches montantes, deux très vigoureux, et deux extra-vigoureux.

Floraison : 1893, 16-28 avril, fleurs, 1, pas de fruits. — 1894, 26 avril-10 mai, très rares fleurs. $D = 1061$. — 1895, 13-23 mai, fleurs, 1. $D = 1063$. — 1896, 15-27 mai, fleurs, 1, floraison chétive, ouvre à peine ; pas de fruits.

P. Petit. — Deux arbres, tête arrondie, plutôt large, l'un vigoureux et bonne végétation, l'autre très vigoureux et très bonne végétation ; pas encore eu de fleurs.

Précoce David. — Cinq arbres, un très vigoureux, 3 vigoureux, 1 assez vigoureux ; quatre, bonne végétation, 1 assez bonne, fleurs maigres et rabougries ; tous branches montantes ; ont souffert au printemps.

Floraison : 1893, 5-20 avril, fleurs, 5. — D = 1062. — 1894, 15-28 avril, fleurs, 0, très rares fleurs. — 1895, 4-18 mai, fleurs, 1. D = 1063. — 1896, 27 avril-8 mai, fleurs, 1; quelques anthonomes, presque pas resté de fruits.

Rouge Avenel. — Un arbre, très vigoureux, très bonne végétation, branches horizontales et semi-verticales.

Floraison : 1894, 10-20 mai, très rares fleurs. — 1895, fleurs, 0. — 1896, 15-27 mai, rares fleurs, pas de force, pas de fruits.

Vice-Président Héron. — Un arbre, très vigoureux, tête élevée, très bonne végétation ; pas encore eu de fleurs.

Bédan. — Dix arbres, tous très vigoureux ou vigoureux, de forme et de développement variables mais toujours satisfaisant, deux pourtant restés petits.

C'est la même variété que celle cultivée ici depuis longtemps, aussi ne l'ai-je pas observée à part.

M. Houlette, à Chironvilliers : « Toutes les greffes (et parmi elles Médaille d'Or et Amère de Berthecourt) se sont bien comportées, tant sous le rapport de la vigueur que sous ceux de la rusticité et de la fertilité. »

M. de Mésange de Beaurepaire, à Écouché. Voir dans la *Revue, le Cidre et le Poiré*, 7ᵉ année, nᵒ 11, p. 411-414, les appréciations de M. de Mésange de Beaurepaire sur la valeur des fruits produits par les variétés provenant des dons de la Société centrale d'Horticulture de la Seine-Inférieure.

Dans son article intitulé : *L'hiver de 1894-1895 et la rusticité des variétés de pressoir*, dans le canton d'Écouché, M. de Mésange de Beaurepaire dit : « Constatons encore en terminant, la rusticité absolue qu'ont témoignée, à bien peu d'exceptions près, les variétés nouvellement introduites ici par les dons de la Société centrale d'Horticulture de la Seine-Inférieure ; leur acclimatation se présente donc sous les meilleurs auspices. (*Le Cidre et le Poiré*, 8ᵉ année, nᵒ 2, p. 69).

Pas-de-Calais. — M. L. Vasseur, instituteur en retraite, à Bléquin, n'a greffé que sur des sujets très petits, et « par conséquent, dit-il, il ne m'est pas possible de donner de grands détails sur mes arbres. Seulement, je puis affirmer que les greffes poussent avec autant de vigueur que celles de notre pays ; de plus, j'ai remarqué qu'elles sont, en général, plus productives que les nôtres. J'ai encore à vous signaler que le Petit Muscadet est très productif, quoique toutes les greffes soient très chancreuses ; il se trouve aussi quelques chancres sur les greffes de Binet rouge. L'Argile rouge et la Médaille d'Or sont exemptes de ce mal. Ces deux variétés sont aussi très productives et les greffes poussent avec une grande vigueur, même placées sur des sujets très durs et paraissant pousser peu.

» Dans la localité, nous avons deux variétés de pommes à cidre que l'on désigne sous le nom de Germain et de Roquet ; la première donne un cidre fort coloré et la deuxième un cidre d'une couleur plus pâle. Les fruits de ces arbres ne réussissent ordinairement que tous les deux ans, c'est-à-dire qu'ils ne fleurissent pas tous les ans. Il n'en est pas de même des variétés que vous m'avez fait parvenir. J'estime infiniment plus ces dernières. »

Saone-et-Loire. — M. Gaillard, à Branges : « Les trois variétés de poires que vous m'avez envoyées, j'ai eu la chance de toutes les réussir. Je possède huit sujets qui sont beaux et vigoureux, mais seulement une variété m'a donné des fruits l'an dernier. »

Sarthe. — M. Louis Compain, à la Paumerie, commune de Chaufour : « Toutes les greffes que vous m'avez envoyées ont très bien réussi et les sujets sont très beaux ; un certain nombre d'espèces paraissent beaucoup moins souffrir de la sécheresse et des maladies cryptogamiques que nos variétés locales. Un grand nombre avaient des fruits l'an dernier et même trop.

» Au point de vue de la vigueur et de la fertilité, il y a un choix à faire. Je citerai, parmi celles qui me paraissent réunir le plus de qualités, les noms suivants : de Boutteville, fertilité ; Binet gris, le plus vigoureux et le plus fertile des Binet ; Grise Dieppois, vigueur et fertilité extraordinaires ; Commandant Lacassaigne, une des plus vigoureuses ; Fréquin Audièvre, fertile et le plus vigoureux des Fréquin ; Médaille d'Or, fertile et vigoureuse, convient en mélange ; Michelin, vigoureuse et fertile, le fruit se conserve très bien ; Marabot, mêmes qualités que la précédente, mais moins vigoureuse ; Muscadet rouge et Martin Fessard, très fertiles et très vigoureuses toutes les deux ; Railé Varin, fertile et vigoureuse, mais le fruit ne se conserve pas ; Rosine pousse bien partout et se montre fertile à l'excès ; Reine des Hâtives, vigueur et fertilité ; Vice-Président Héron, très vigoureuse ; je l'ai greffée dans différents terrains et partout elle pousse bien ; quant à sa fertilité, je ne suis pas encore fixé, parce qu'elle n'a encore produit qu'une fois. »

M. A.-F. Marteau, instituteur à Poncé : « Trois greffes ont réussi ; elles ont aujourd'hui une belle vigueur qui fait plaisir à voir. Sur 60 pieds d'arbres du verger, dont 50 pommiers, ces trois têtes figurent parmi les plus rustiques : vigueur et fertilité, tout y est au maximum.

» L'une de ces têtes, l'année dernière, avait tellement de fruits, que je fus obligé de l'étayer. Tout petit qu'il est, l'arbre avait plus d'un double décalitre de belles pommes oblongues (cône tronqué). Est-ce du Bramtot ou du Caillouel ? je ne me le rappelle plus ; l'étiquette a été enlevée de l'arbre... L'espèce dont l'arbre était si chargé de fruits l'année dernière fera bonne figure dans notre contrée, à cause de sa qualité cidrière, je crois, et de la maturité des fruits, assez tardive, tandis que les deux autres sont peut-être trop précoces ; leurs fruits tombent dès le mois d'août et sont mûrs fin septembre. »

SEINE-ET-MARNE. — M. E. Pavois, canton de Rebais : « Greffées sur de tout jeunes sujets au ras du sol, les variétés Médaille d'Or, Amère de Berthecourt et Saint-Laurent ont déjà porté des pommes, les deux premières avant d'avoir atteint deux mètres de hauteur. Elles ont paru ne rien craindre, tandis que les races de pays étaient très compromises par le mauvais temps et l'anthonome. Comme fertilité et rusticité, je classerai en première ligne la Médaille d'Or, bel arbre assez vigoureux ; Gros Fréquin, grande feuille, gros rameaux, très vigoureux ; Saint-Laurent et Amère de Berthecourt, vigoureux ; Fréquin Lacaille vient ensuite ; Bramtot, arbre trapu, mais de peu de vigueur ; de Boutteville, rameaux longs et fins, paraît craindre les hivers rigoureux, aspect très désagréable ; très attaqué cette année par les pucerons.

M. Ausseur-Sertier, grandes pépinières de Lieusaint : « Je viens vous confirmer que les greffes des meilleures variétés de fruits de pressoir que vous m'avez données, il y a quelques années, ont produit de bons résultats pour la végétation et que j'en suis très satisfait. Quant aux fruits, les arbres sont jeunes, et je n'en ai récolté que très peu ; ils me paraissent très recommandables. »

SEINE-ET-OISE. — M. Baumgarth, à Rambouillet : « Argile grise et Bramtot, arbres beaux et vigoureux, excellent cidre. »

M. Pavé, à Mareil-le-Guyon : « Les variétés que vous m'avez

envoyées ont très bien réussi comme vigueur, mais comme rapport nous avons meilleur, mais peut-être pas si sucré. Nous sommes obligés d'avoir des variétés tardives, à cause des gelées printanières et de l'anthonome qui, d'ailleurs, est en décroissance. »

Seine-Inférieure. — M. Joseph Basile, à Grainville-Ymauville, a greffé à haute tige les variétés suivantes : Reine des Hâtives, Doux Véret, Fréquin Lajoie, Fréquin Audièvre, Amère de Berthecourt, Barbarie, Binet rouge, Rouget, Bisquette, Gallot, Saint-Laurent ; toutes ont très bien poussé sans bois chancreux et sont très productives. Il a greffé en pied : Muscadet, Bramtot Médaille d'Or, Peau de Vache « qui ont très bien réussi comme les autres, comme vigueur et comme production. Enfin, je suis très satisfait des résultats que j'ai obtenus, et, en plus, de la qualité des pommes. »

M. Deshays, maire de la Cerlangue, nous adresse une lettre qui, bien que ne renfermant pas de renseignements spéciaux, mérite d'être reproduite, parce qu'elle appelle l'attention sur un mal qu'il faudrait combattre :

« Les greffes que vous avez eu l'obligeance de me faire parvenir, sur ma demande, donnent des résultats satisfaisants ; elles se sont bien développées, sont vigoureuses, et j'ai l'espoir que les fruits que ces greffes produiront donneront un meilleur résultat que les pommiers greffés que l'on vend dans les marchés et chez certains pépiniéristes, qui, pour la plupart, donnent de grandes pousses, de gros fruits, auxquels je n'ai pas confiance, comme produit et qualité pour faire du bon cidre.

» Il y a une chose regrettable qui existe et qui tend à s'accroître de plus en plus, et que je me permets de vous signaler : c'est le manque de soin que les cultivateurs et fermiers ont pour leurs pommiers ; ils ne se donnent plus la peine de les cultiver, de les engraisser, de les armer pour les protéger des bestiaux. Lorsqu'il y a des fruits en abondance, ils négligent de soutenir les branches chargées avec des perches, et les pommiers se déchirent. Le mal que je signale va aller en augmentant ; la culture, devenant d'année en année plus pauvre, les fermiers vont forcément devenir de moins en moins soigneux et prévoyants. »

M. A. Julien, à Saint-Aubin-jouxte-Boulleng, écrit : « Les arbres les plus vigoureux sont : Reine des Pommes, Rouge Bruyère, Ambrette, Or Milcent, Médaille d'Or, Amère de Berthecourt, Bramtot, Martin Fessard, Binet blanc. Par contre, les moins vigoureux sont : Binet rouge, Gros Fréquin. »

M. E. Lamotte, de Campneuseville, a fait un choix entre nos variétés et ne cultive dans ses pépinières que celles qui réussissent dans tous les terrains : Terrier gris, Médaille d'Or, Reine des Hâtives, Écarlatine, Gros Muscadet, Amère de Berthecourt, Binet rouge.

M. J. Touzé, à la Mailleraye, n'a pas eu de succès dans un terrain qui avait déjà servi de pépinière et qui était épuisé. Parmi les variétés qu'il a greffées en tête dans un verger, celles qu'il estime le plus sont le Bramtot et le Martin Fessard. « Elles font des pommiers de belle forme, produisant bien et ayant un bois résistant. La Médaille d'Or, quoique moins vigoureuse, a assez bien poussé, mais les branches sont allongées et la tête de l'arbre est moins arrondie. Quant au de Boutteville, je n'aime pas cette variété à cause du bois qui est grêle et peu résistant... La gelée de 1895 a fait beaucoup de mal aux pommiers, particulièrement à la Peau de Vache et au Marin Onfray ; de forts pommiers vigoureux ont eu une partie de leurs branches gelées ;

celles qui restent sont sans vigueur et vont mourir. Plusieurs arbres sont totalement perdus ; le Bramtot a bien résisté. »

M. Pougny, à Aumale, cite comme remarquables par leur vigueur, les variétés Godard, Médaille d'Or, Bramtot, Saint-Laurent, Doux Véret et Amère de Berthecourt.

M. Bectarte, à Dampierre : « Les variétés provenant de vos greffes poussent très bien ; elles sont très vigoureuses et rustiques, principalement le Gros Fréquin ; il ne s'est pas encore mis à fruit ; toutes les autres ont donné de très beaux fruits. J'ai conservé des Martin Fessart, des Médaille d'Or et des Fréquin Audièvre jusqu'à fin décembre. Je peux vous affirmer que ces espèces sont plus vigoureuses que celles du pays. »

M. Doré (P.), instituteur au Bourg-Dun, déclare que les variétés Binet blanc et Binet rouge, Fréquin et Médaille d'Or, sont de toute beauté.

M. G. Pimont, de Villainville, apprécie de la sorte les variétés qu'il tient de nous : « Les greffes, dit-il, m'ont été envoyées au printemps de 1893 et ont presque toutes été greffées en pied.

» Grise Dieppois : en pied, pousses très saines et très vigoureuses ; têtes complètement formées.

» Constant Lesueur : en pied, pousses saines, assez vigoureuses ; forme sa tête cette année.

» Le Voyageur : en pied, pousses saines, assez vigoureuses ; arrive à hauteur ; ne fait que former sa tête.

» Binet gris : en pied, pousses vigoureuses, généralement saines (chancre quelquefois) ; tête formée.

» Faux Caillouel : en pied, pousses très vigoureuses et saines; tête formée.

» Fréquin blanc : en pied, pousses saines, assez vigoureuses ; arrive à hauteur, commence à former sa tête.

» Président des Héberts : en pied, pousses saines, pas vigoureuses, arrive à hauteur.

» Secrétaire Pinel : en pied, pousses saines, peu vigoureuses, arrive à hauteur ; l'un des pieds porte quatre fruits.

» Vice-Président Héron : en tête sur Noire de Vitry : pousses très saines, vigoureuses, têtes bien formées, et prêtes à être mises en place.

» Vice-Président Sannier : en pied, pousses saines et vigoureuses ; arrive à hauteur et forme sa tête.

» Herbage sec : en pied, pousses très saines et très vigoureuses ; tête formée.

» Michelin : en pied, pousses très saines et très belles ; tête formée.

» Moulin à Vent : en tête, sur sauvageons ; pousses très saines et très vigoureuses.

» Jaunet pointu : en tête, sur pied de trente ans ; pousses saines et vigoureuses. »

M. Lingignon, instituteur à Bouelle : « Je suis heureux de pouvoir vous dire que les greffes de vos meilleures variétés de fruits de pressoir, que vous m'avez envoyées en mars 1889, m'ont donné de bons résultats. Les essais ont été faits par moi, sur une propriété sise à Saint-Remy, hameau de Doncourt, canton de Blangy ; pas un sujet n'a manqué. Aujourd'hui, ces arbres sont en pleine vigueur, déjà bien épanouis, ayant donné de beaux fruits et de bonne garde. »

M. Lemarchand, à Saint-Jacques-sur-Darnétal, a greffé les variétés suivantes :

« Rouge Avenel : assez beau bois ; jusqu'alors pas de fruits.

» Barbarie : produit d'assez beaux fruits.

» Médaille d'Or : bons fruits, mais le bois ne résiste pas aux gelées.

» Godard : bon fruit, bois crêpu, ne paraît pas vigoureux.

» Argile rouge : je crois que c'est ce que nous nommons Rouge Bruyère ; très bon fruit, les arbres ont beaucoup souffert aux dernières gelées.

» Furcy Lacaille : bonne variété paraissant donner beaucoup de fruits, bonne pour greffer en tête ; en pied, les tiges s'élancent trop vite et ne restent pas droites.

» Bramtot : la meilleure variété ; beau bois ; produit beaucoup de fruits. »

M. Blondel, à Bully : « Voici les renseignements que je puis vous donner sur les douze espèces que je vous ai demandées. Je puis vous affirmer que dix dont les noms suivent : Amère de Berthecourt, Bédan des Parts, Bramtot, Constant Lesueur, de Boutteville, Médaille d'Or, Vice-Président Héron, Fréquin Audièvre, Rouge Avenel, Godard, sont rustiques et d'une bonne vigueur ; pour moi, ce sont de bonnes espèces. »

M. Acher, à Froberville : « Relativement aux greffes que vous avez bien voulu m'adresser en 1888, j'ai l'honneur de vous exposer que dans les variétés de première saison : Saint-Laurent, Gallot, Reine des Hâtives, Jaunet pointu ; la Reine des Hâtives s'est montrée particulièrement rustique et fertile. Le Jaunet pointu et le Saint-Laurent se sont développés d'une façon satisfaisante, sans maladie. Quant au Gallot, cette variété de premier mérite par le parfum de son fruit, il se développe bien lentement ; il m'a même été impossible d'obtenir des tiges d'une ampleur suffisante sur des sujets greffés au pied ; il m'a toujours fallu recourir à des tuteurs pour maintenir la tige à peu près

7

verticale ; je ne l'utiliserai, à l'avenir, que greffé en tête. La végétation de cette variété, bien que grêle et peu développée, s'est toujours effectuée exempte de maladie ; l'espèce est très fertile...

» Dans la variété de la deuxième saison, je n'ai oublié que le Vice-Président Héron et le Secrétaire Pinel. Ces deux variétés n'ont végété que d'une façon médiocre, mais je crains qu'elles n'aient pas été greffées sur des sujets suffisamment vigoureux. Je surveillerai particulièrement ces deux espèces dans l'avenir.

» Dans les fruits de troisième saison, le Martin Fessard se comporte admirablement bien, produisant simultanément bois et fruits sans épuisement. Quant au Furcy Lacaille, il ne m'a donné qu'un bois grêle que j'ai été obligé maintes fois de rabattre. C'est également une espèce que je grefferai uniquement en tête, le développement de la tige s'effectuant trop lentement.

» Indépendamment des espèces ci-dessus que vous m'avez procurées, j'ai greffé à la même époque des variétés qui m'avaient été offertes à titre gracieux par M. Hauchecorne, d'Yvetot, et notamment comme pommes de deuxième saison, la Médaille d'Or, l'Argile rouge et la pomme Godard. Toutes ces variétés ont admirablement réussi chez moi, au double point de vue de la rusticité et de la production des fruits. Comme pommes de troisième saison, le Fréquin Audièvre et le Rouge Avenel m'ont aussi donné pleine satisfaction.

» Le Bédan et le Marin Onfray que vous m'aviez adressés ne peuvent plus se développer ici : ces espèces sont usées. »

M. E. Damien, à Caudebec-lès-Elbeuf, nous adresse la lettre suivante, qu'il nous semble intéressant de reproduire : « Du premier envoi que vous m'avez fait, j'ai fait cinquante greffes dites au coin du feu ou sur des sujets gros comme des crayons, que j'ai plantées dans des godets de 11 centimètres que j'ai enterrés dans le terrain d'une vieille couche. Ils ont tous repris ; il y en a qui ont fait des pousses d'un mètre la première année. L'année suivante, je les ai mises en place dans une pépinière en terre franche, légèrement calcaire-siliceuse. En ce moment ils ont de 1^m80 à 2^m50 de haut ; on peut même cette année en mettre en place à demeure.

» Du deuxième envoi que j'ai reçu, j'ai fait cent greffes de même façon, dites au coin du feu, en fente (les autres étaient aussi en fente), sur des sujets gros comme des crayons que j'ai plantés en pleine terre. Ils n'ont pas si bien réussi que les premiers ; la moitié environ ont repris ; j'ai attribué cet insuccès à la sécheresse et au manque de soin d'arrosage ; en ce moment ils ont de 1 mètre à 1^m80 de haut. »

M. Brivaux, à Gaillefontaine : « La plupart des greffes que je dois à votre obligeance se sont admirablement comportées. A part deux ou trois, qui manquent de vigueur, ce que je serais plutôt porté à attribuer au sujet, toutes se développent avec vigueur et promettent un bel arbre. »

M. Raoux, à Ymare, n'a plus à sa disposition les arbres sur lesquels il avait placé nos greffes : « Par contre, dit-il, j'ai pour voisins des propriétaires qui, comprenant leur intérêt, ont planté depuis quatre ans au moins 300 sujets greffés des espèces que vous m'avez procurées : Bramtot, Godard, Amère de Berthecourt, Médaille d'Or, Fréquin Audièvre, Terrier, etc., et toutes poussent bien et donnent des fruits. Ces variétés viennent de chez M. Power. »

M. A. Dutot, à Annouville : « La Médaille d'Or se développe lentement ; le Muscadet est d'une bien plus grande vigueur. »

M. Houlvigne, à Saint-Nicolas-d'Aliermont : « Les arbres

sont d'une végétation superbe ; ils ont tous très bien prospéré et je serais embarrassé de dire laquelle des dix variétés est la plus belle... C'est la Médaille d'Or qui, jusqu'à présent, a le plus donné de pommes. »

M. A. Grand, à Bazinval : « Les greffes ont parfaitement réussi ; les arbres sont de toute beauté et d'une vigueur exceptionnelle. »

M. Albert Jouen, à Criquetot-l'Esneval : Résultats au-delà de ses espérances.

Somme. — Hocquet (Lucien), à Mons-en-Chaussée, donne les renseignements suivants sur les variétés dont il a reçu des greffes qui lui ont donné pleine satisfaction.

« Médaille d'Or, vigoureuse, tête arrondie, très productive.

» Grise Dieppois, vigoureuse, branches verticales, productive.

» Bramtot, très vigoureuse, belle tête élevée, très productive.

» Godard, vigoureuse, tête arrondie, très productive.

» Barbarie d'Ille-et-Vilaine, vigueur moyenne, assez productive.

» Marabot, vigoureuse, tête élevée, très productive.

» Argile grise, vigoureuse, très productive, mais avec un peu de chancre.

» Bédan des Parts, vigoureuse, tête arrondie, très productive, arbre de première beauté.

» Ambrette, vigoureuse, belle tête élevée, n'a encore donné que quelques fruits.

» Peau de Vache nouvelle, vigoureuse, belle tête élevée, productive.

» Amère de Berthecourt, très vigoureuse, tête arrondie, n'a donné encore que quelques fruits.

» Rouge Avenel, très vigoureuse, belle tête arrondie, très productive.

» Fréquin Audièvre, vigoureuse, tête élevée, très productive, mais tous les ans, au mois de juillet, perd une partie de sa vigueur ; les feuilles jaunissent en enclos, comme en bordure de chemin.

» Binet rouge, peu de vigueur ; elle serait productive si elle n'était pas, chaque année, attaquée par les pucerons. »

M. Paton de Favernay, à Raucheval. Mauvais résultat en terrain d'argile compacte ; succès dans un plant en jardinage sur un petit rideau, à l'abri. « Ce que je trouve de plus remarquable, c'est le feuillage vigoureux, d'une belle couleur vert sombre... Somme toute, l'essai est topique, mais en terrain particulièrement bon ; la rusticité n'est donc pas atteinte. Il n'y a pas assez de temps que les plantations et les greffes ont été exécutées pour porter un jugement exact. Mais je persiste à croire cependant que vos qualités de pommes trop succulentes ne conviennent pas généralement à nos terrains maigres et arides.

» Nos anciennes espèces ont disparu, ou à peu près : Roquet vert, Roquet gris, Roquet rouge, Pomme amère, Pomme blanche précoce, Roquet gris tardif. Avec ces pommes, je faisais un cidre remarquable, très coloré, riche en sucre et en alcool.

» J'essaierai d'améliorer et de transformer en prenant des greffes sur des arbres qui ont réussi. »

M. Leroy, ancien notaire, à Amiens, écrit que les greffes qu'il a reçues de nous se comportent bien dans son petit verger d'amateur et lui donnent les plus belles espérances.

M. Paul Lécuyer, à Gapennes : « Le Bramtot pousse bien, le Fréquin Lacaille pousse vigoureusement. »

Vosges. — M. Mansay, instituteur à Lignéville : « Les greffes de pommier que j'ai reçues de votre Société, promettent de faire de beaux arbres dont quelques-uns ont donné quelques fruits l'année dernière. »

M. J. Noël, ancien garde champêtre, à Anould : « Les greffes sont aujourd'hui bien prospères, même au delà de mes espérances... Les arbres sont très vigoureux, résistent aux plus grands froids, qui ont même l'air de leur convenir, ce qui fait bien l'affaire de notre pays. Il y a deux ans, j'ai fait dix-huit litres de cidre qui a été très bon, malgré la petite quantité... Il n'y a pas de vignes chez nous ; je vais encourager les cultivateurs à m'imiter en leur donnant des greffes ; mais ils ont bien ri de moi au début. »

Yonne. — M. Cuisinier, instituteur, à Angely, a greffé, en 1888, à Ashie les variétés suivantes : Argile rouge, Hâtive Legrand, Godard, Saint-Laurent, Amère de Berthecourt, Furcy Lacaille, Bramtot, Petit Muscadet, Rouge Avenel, Petite Amère, Médaille d'Or, Gros Muscadet. « Je me proposais en vous demandant ces greffons d'étudier les variétés de pommiers à cidre qui pourraient convenir à la localité que j'habite (terrain argileux du lias supérieur, 250 mètres d'altitude), et, comme je n'avais pas de sujets à greffer, je comptais placer mes greffons sur des sauvageons dans des haies de clôture. C'est ce que j'ai fait et toutes les greffes faites ont réussi :

» J'ai à vous signaler l'extrême vigueur de toutes les variétés, surtout de celles qui, depuis, ont été greffées sur des sauvageons plantés en plein champ et qui sont cultivés. Les arbres ont commencé à donner des fruits l'année dernière seulement.

» Je crois devoir signaler que mes arbres sont devenus comme une pépinière pour la localité. Nombre de propriétaires sont venus me demander des greffons et je n'en ai refusé à aucun. »

Il paraît que tous les propriétaires de l'Yonne ne ressemblent pas aux voisins de M. Couturier, car M. Gilote, pépiniériste à Héry, m'écrit. « Les variétés de fruits à cidre que vous m'avez envoyées, ont très bien poussé et ont fait de belles tiges. Je les ai vendues à droite et à gauche, mais je ne les ai pas multipliées. Les propriétaires n'en veulent pas ; ils préfèrent les variétés locales qu'ils connaissent, c'est-à-dire les fruits à couteau, en faisant du cidre. »

M. A. Bretagne, à Varennes-Diges, a greffé les variétés Peau de Vache nouvelle, Bramtot, Rouge Avenel, Petit Muscadet, Médaille d'Or, Amère de Berthecourt ; elles poussent très bien. « Le Petit Muscadet et le Rouge Avenel portent de beaux fruits et en plus grande quantité que les espèces du pays. »

Tels sont les renseignements que nous a fournis l'enquête que nous avons ouverte. Si l'on juge qu'ils soient de quelque utilité, la Société pourra, dans quelques années, lorsque les greffes, distribuées à partir de 1891, auront donné des résultats, renouveler cette enquête.

Notre Compagnie se propose en effet de poursuivre sans relâche l'étude des fruits de pressoir. Dans l'état précaire où se trouve notre agriculture, la culture du pommier et la fabrication du cidre deviennent la principale ressource des campagnes. En agissant ainsi elle reste fidèle à ses traditions ; elle continue l'œuvre si bien entreprise dès 1862, par tant de distingués pomologues. En reste-t-il encore de ces vaillants, avec M. Michelin, aujourd'hui le doyen des pomologues français, et M. de Formigny de la Londe, vice-secrétaire de la Société centrale d'Horticulture de Caen et du Calvados, aujourd'hui son président, qui eut l'honneur de rédiger le procès-verbal de la séance du vendredi 11 novembre 1864, dans laquelle fut institué le premier *Congrès pour l'étude des fruits à cidre?*

Rouen. — Imp. E. CAGNIARD (Léon GY, succr), rue Jeanne-Darc, 88.

9 782019 216818